Biochemische Zeitschrift

Unter Mitwirkung von

E. Abderhalden-Halle a. S., M. Ascoli-Catania, L. Asher-Bern, A. Bach-Moskau, G. Barger-Edinburgh, M. Bergmann-Dresden, G. Bertrand-Paris, A. Bickel-Berlin, F. Blumenthal-Berlin, Fr. Boas - München, A. Bonanni - Rom, F. Bottazzi - Neapel, G. Bredig - Karlsruhe i. B., Wl. Butkewitsch-Moskau, M. Cremer-Berlin, R. Doerr-Basel, A. Durig-Wien, R. Ege-Kopenhagen, F. Ehrlich-Breslau, H. v. Euler-Stockholm, S. Flexner-New York, A. Fodor-Jerusalem, J. Forssman-Lund, S. Fränkel-Wien, E. Freund-Wien, H. Freundlich Berlin, E. Friedberger-Berlin, E. Friedmann-Berlin, O. Fürth-Wien, F. Haber-Berlin, M. Hahn-Berlin, E. Hammarsten-Stockholm, P. Hári-Budapest, F. Hayduck-Berlin, E. Hägglund-Abo, V. Henri-Zürich, V. Henriques-Kopenhagen, R. O. Herzog-Berlin, K. Hess-Berlin, W. Heubner-Heidelberg R. Höber-Kiel, M. Jacoby-Berlin P. Karrer-Zürich B. Kisch-Köln, G. Klein-Wien, W. Klein-Bonn, A. J. Kluyver-Delft. M. Kochmann-Halle a. S. R. Krimberg-Riga, F. Landolf-Buenos Aires L. Langstein-Berlin, E. Laqueur-Amsterdam, O. Lemmermann-Berlin, P. A. Levene-New York, S. Loewe-Mannheim, A. Loewy-Davos, H. Lüers-München, Th Madsen - Kopenhagen, A. Magnus-Levy - Berlin, E. Mangold - Berlin, L. Marchlewski - Krakau, P. Mayer - Karlsbad, A. McKenzie - Dundee, J. Meisenheimer-Tübingen, Kurt H. Meyer-Ludwigshafen O. Meyerhof-Heidelberg, L. Michaelis-Baltimore. H. Molisch-Wien, H. Murschhauser-Düsseldorf, W. Nernst-Berlin, C. v. Noorden-Wien, W. Ostwald-Leipzig, A. Palladin-Charkow, J. K. Parnas-Lemberg, W. Pauli-Wien, W. H. Peterson-Madison, R. Pfeiffer-Breslau, E. P. Pick-Wien, L. Pincussen-Berlin, J. Pohl-Hamburg, Ch. Porcher-Lyon, D. N. Prianischnikow-Moskau, H. Pringsheim-Berlin, A. Rippel-Göttingen, P. Rona-Berlin, H. Sachs-Heidelberg, S. Salaskin-Leningrad, T. Sasaki-Tokio, B. Sbarsky-Moskau, A. Scheunert-Leipzig, A. Schlossmann-Düsseldorf, E. Schmitz-Breslau, J. Snapper-Amsterdam, S. P. L. Sörensen-Kopenhagen, K. Spiro-Basel, J. Stoklasa-Prag, W. Straub-München, H. Steenbock-Madison, K. Suto-Kanazawa, U. Suzuki-Tokio, K. Thomas-Leipzig, H. Thoms-Berlin, C. Tigerstedt-Helsingfors, P. Trendelenburg-Berlin, F. Verzár-Debreczen, O. Warburg-Berlin, H. J. Waterman-Delft, G. v. Wendt-Helsingfors, E. Widmark-Lund, A. Wohl-Danzig, J. Wohlgemuth-Berlin, N. Zelinsky-Moskau

herausgegeben von

C. Neuberg=Berlin

Sonderabdruck aus 225. Band, 1.—3. Heft

Johan Björkstén:

Zur Kenntnis der Synthese von Eiweißstoffen und ihrer Bausteine bei höheren Pflanzen

Springer-Verlag Berlin Heidelberg GmbH

1930

Biochemische Zeitschrift. 225. Bd. 1.—3. Heft.

Die
Biochemische Zeitschrift

erscheint zwanglos in Heften, die in kurzer Folge zur Aus=
gabe gelangen; je sechs Hefte bilden einen Band. Der Preis
des Bandes beträgt M 28.—.

In der Regel können Originalarbeiten nur Aufnahme finden, wenn
sie nicht mehr als $1^{1}/_{2}$ Druckbogen umfassen. Sie werden mit dem
Datum des Eingangs versehen und der Reihe nach veröffentlicht,
sofern die Verfasser die Korrekturen rechtzeitig erledigen. — Kurze
Mitteilungen wichtigen Inhalts können außerhalb der Reihenfolge
des Einlaufdatums abgedruckt werden, wenn sie den Raum von
1—2 Druckseiten nicht überschreiten. — Abhandlungen polemischen
Inhalts werden nur dann zugelassen, wenn sie eine tatsächliche
Richtigstellung enthalten und höchstens zwei Druckseiten einnehmen.

Manuskriptsendungen sind an den Herausgeber,
Herrn Prof. Dr. C. Neuberg, Berlin-Dahlem, Hittorfstr. 18,
zu richten.

Das Honorar beträgt M 40.— für den 16 seitigen Druckbogen.
Die Verfasser erhalten bis 100 Sonderabdrucke ihrer Abhand=
lungen kostenfrei bis zu einem Umfang von $1^{1}/_{2}$ Druckbogen, von
größeren Arbeiten nur bis 75. Der Verlag bittet, nur die zur tat=
sächlichen Verwendung benötigten Exemplare zu bestellen. Über
die Freiexemplare hinaus bestellte Sonderdrucke werden berechnet.
Die Herren Mitarbeiter werden jedoch in ihrem eigenen Interesse
gebeten, deren Kosten vorher vom Verlage zu erfragen.

Springer-Verlag Berlin Heidelberg GmbH

Berlin W 9, Linkstraße 23/24.

225. Band	Inhaltsverzeichnis	1.—3. Heft

Fortsetzung des Inhaltsverzeichnisses siehe 3. Umschlagseite.

Zur Kenntnis
der Synthese von Eiweißstoffen und ihrer Bausteine bei höheren Pflanzen.

Von

Johan Björkstén.

Wird mit Genehmigung der Mathematisch-Naturwissenschaftlichen
Sektion der Philosophischen Fakultät der Universität Helsingfors
am 27. September um 12 Uhr im Hist.-Phil. Auditorium zur
öffentlichen Verteidigung vorgelegt.

ISBN 978-3-662-31285-8   ISBN 978-3-662-31489-0 (eBook)
DOI 10.1007/978-3-662-31489-0

Zur Kenntnis der Synthese von Eiweißstoffen und ihrer Bausteine bei höheren Pflanzen.

Von

Johan Björkstén.

(Aus dem chemischen Laboratorium der Universität Helsingfors.)

(Eingegangen am 17. Juni 1930.)

Mit 2 Abbildungen im Text.

Inhaltsverzeichnis.

Zur Einführung.

Bezüglich der natürlichen Synthese der Eiweißstoffe und deren
Bausteine sind mehrere Hypothesen aufgestellt worden; für keine derselben hat man jedoch Beweise erbracht.

Diese Arbeit hat den Zweck, die oben erwähnten Hypothesen
einer durch experimentelle Arbeit begründeten, kritischen Prüfung
zu unterziehen und das Versuchsmaterial, das diese Frage beleuchtet,
zu bereichern.

Meine Methodik unterscheidet sich von derjenigen anderer auf
diesem Gebiete tätigen Forscher dadurch, daß ich mit *N-hungrigen*
Pflanzen arbeite, und daß ich Lösungen der zu untersuchenden Stoffe
in die Interzellularen meiner Versuchspflanzen *injiziere*. Bei dieser
Arbeitsweise erfolgt bei Zufuhr geeigneter N-Quellen die maximale

Eiweißsynthese innerhalb 5 Stunden. Sie setzt dabei gleichzeitig in sämtlichen chemisch wirksamen Zellen der Versuchspflanzen ein.

Frühere Untersuchungen auf diesem Gebiet sind ausführlich von *Czapek*[1] und von *E. Komm*[2] referiert worden. Deshalb erwähne ich hier nur in Kürze

Die früheren Hypothesen über die Synthese der Eiweißstoffe und deren Bausteine.

Erlenmeyer jun. und *Kunlin*[3] halten es für möglich, daß die Synthese der α-Aminosäuren durch Einwirkung von Ammoniak auf die entsprechenden Ketosäuren erfolgt. Sie stellten fest, daß Phenylacetylalanin und Glykokoll in vitro durch diese Reaktion hergestellt werden können. Diese Hypothese wird gestützt durch den später von *Neubauer* und *Frommherz*[4] erbrachten Nachweis, daß Ketosäuren als Zwischenstufen bei der alkoholischen Gärung von Aminosäuren entstehen. Die Arbeiten von *Knoop*[5], *Embden* und *Schmitz*[6] und *Kondo*[7] haben dann erwiesen, daß Keto- und Oxysäuren in Tierorganismen in Aminosäuren verwandelt werden können.

O. Loew[8] ist der Meinung, daß die durch die Wurzeln aufgenommenen Nitrate durch Zucker zu Ammoniak reduziert werden. Das Ammoniak kondensiert sich dann mit Formaldehyd zu Asparaginaldehyd, welcher nach *Loew* das Ausgangsmaterial der Eiweißsynthese ist. Diese Hypothese schließt sich an die bedeutende Rolle an, die das Asparagin im Stickstoffwechsel der Pflanze unzweifelhaft spielt.

M. Treub[9] ist zu der Ansicht gelangt, daß die Aminosäurebildung in Pflanzenorganismen nach der *Strecker*schen Reaktion erfolgen kann:

$$R.\overset{\displaystyle O}{\overset{\|}{C}}.H + NH_3 + HCN \rightarrow R.CH\!\!\begin{array}{l}\diagup NH_2\\ \diagdown CN\end{array}\!\! + H_2O \rightarrow \underset{NH_2}{\overset{R.CH.NH_2}{\overset{|}{C}:O}} \xrightarrow{+H_2O} R.\underset{COOH}{\overset{\diagup NH_2}{\overset{|}{C}H}} + NH_3.$$

Bezüglich der Entstehungsweise der Blausäure weist *Treub* selbst auf die von *L. Henry*[10] beschriebene Reaktion hin:

$$\begin{array}{l}COOH\\ |\\ CHNO_3\\ |\\ CH_3\end{array} \longrightarrow \begin{array}{l}COOH\\ |\\ COOH\end{array} + HCN + H_2O.$$

---

[1] Biochemie der Pflanzen. Bd. 2, S. 291. Jena, G. Fischer, 1925.

[2] Eiweißbildung bei Tier und Pflanze. Freising-München, Datterer & Cie, 1925.

[3] Ann. **307**, 150, 1899; Ber. Chem. **35**, 2438, 1902.

[4] H. **70**, 326, 1911.

[5] H. **67**, 489, 1910; **71**, 252, 1911.

[6] Diese Zeitschr. **29**, 423, 1910; **38**, 393, 1912.

[7] Ebendaselbst **38**, 407, 1912.

[8] Chem. Ztg. **20**, 149, 1896; *O. Loew*, Die chemische Energie der lebenden Zellen. Stuttgart 1906; diese Zeitschr. **41**, 234, 1912.

[9] Ann. du Jardin Bot. de Buitenzorg **13**, 1, 1896; (2) **4**, 86, 1904; (2) **6**), 79, 1907; (2) **8**, 85, 1909.

[10] Ber. Chem. **12**, 1837, 1879.

Bach[1] betont, daß Formaldehyd imstande sei, Nitrat zu Cyanwasserstoff zu reduzieren.

Treub hat den Stickstoffumsatz der Bixacaee Pangium edule, die sich durch einen hohen Gehalt an Cyanwasserstoff auszeichnet, untersucht. Bei dieser speziellen Pflanze stellte er fest, daß die Blätter auf dem Höhepunkt des Eiweißumsatzes die meiste Blausäure enthalten; es handelt sich also offenbar nicht um ein bloßes Ausscheidungsprodukt. In vorsichtiger Form betont er die Möglichkeit, daß bei einer großen Anzahl verschiedener Pflanzen die Eiweißsynthese über Blausäure sich vollziehen könne, daß aber in diesen Fällen die Synthese momentan fortschreite, so daß Cyanwasserstoff nicht als Zwischenprodukt nachgewiesen werden kann.

Bezüglich des Vorkommens der Blausäure sagt *Trier*[2], nachdem er einige Pflanzen genannt hat, in denen Blausäure nachgewiesen ist: „Man hat andererseits bei vielen Pflanzen einen gänzlichen Mangel an gebundener oder freier Säure festgestellt. Daher kann die Blausäure nicht zu den allgemein verbreiteten Pflanzenstoffen gezählt werden, und damit fällt die Berechtigung fort, die Blausäure als ein normales Zwischenprodukt der Eiweißbildung zu proklamieren. Ihre Verbreitung ist vielleicht nicht größer als die manches anderen für gewisse Pflanzen spezifischen Stoffes, der seine Anwesenheit weniger leicht verrät."

Obgleich ich mich in dieser Frage der Ansicht *Triers* anschließe, kann ich doch nicht das Nichtvorkommen des Cyanwasserstoffes als Zwischenprodukt der Eiweißsynthese bei allen höheren Pflanzen für bewiesen halten. Es gibt ja doch Stoffe, wie z. B. Brenztraubensäure, die ohne Zweifel eine wichtige Rolle bei manchen biologischen Reaktionen spielen; sie konnte jedoch bisher nicht in höheren Pflanzen nachgewiesen werden[3], wohl aber von *Neuberg* und *Kobel*[4] in niederen.

Meyer und *Schulze*[5] waren der Ansicht, daß durch Einwirkung von Hydroxylamin auf karbonylhaltige Verbindungen Oxime entstehen könnten. Dieselben würden dann zu Aminen reduziert. *Meyer* und *Schulze*, sowie *Lutz*[6] zeigten, daß Hydroxylamin auf Pflanzen sehr giftig einwirkt.

G. Trier[7] schreibt der *Cannizzaro*schen Reaktion eine bedeutende Rolle bei der Eiweißsynthese zu. Seiner Auffassung nach sollte als erste Kohlenstoffquelle der betreffenden Synthese Glykolaldehyd durch Aldolkondensation aus Formaldehyd gebildet werden. Jene Verbindung unterliegt dann der *Cannizzaro*schen Mutation in folgender Weise:

$$2\,CH_2.OH.CHO + H_2O \rightarrow \underset{\underset{CH_2OH}{|}}{CH_2OH} + \underset{\underset{COOH}{|}}{CH_2OH} + 2\,NH_3 \quad \xrightarrow{-2H_2O} \quad \underset{\underset{CH_2OH}{|}}{CH_2NH_2} + \underset{\underset{COOH}{|}}{C\,H_2NH_2}$$

Durch Einwirkung von Ammoniak auf die gebildeten Stoffe würden Glykokoll und Aminoäthylalkohol gebildet. Diese beiden Verbindungen

---

[1] Monit. sc. de Quesneville 1895, S. 5; Compt. rend. **122**, 1499, 1897.

[2] *G. Trier*, Chemie der Pflanzenstoffe. S. 87. Berlin, Borntraeger, 1924.

[3] *Klein* u. *Fuchs*, diese Zeitschr. **213**, 40, 1929.

[4] *C. Neuberg* u. *M. Kobel*, ebendaselbst **216**, 493, 1929; Naturw. **18**, 427, 1930.

[5] Ber. Chem. **17**, 1554, 1884.

[6] Compt. Rend. Congr. Soc. sav. Sc. 1899, S. 130.

[7] *G. Trier*, Einfache Pflanzenbasen und ihre Beziehungen zum Aufbau der Eiweißstoffe und Lecithine. Berlin 1912.

wären nach *Trier* die einfachsten N-haltigen Bausteine der Eiweißstoffe bzw. der Lecithine. Aus Glycerinaldehyd wird in analoger Weise Glycerinsäure und Glycerin gebildet; jener Stoff ergibt nach *Trier* mit Ammoniak Serin, eine Aminosäure, der *Trier* — wie ich glaube mit Recht — wegen ihrer Oxygruppe eine große Bedeutung bei der Bildung mancher als Derivate des Alanins betrachteten höheren Aminosäuren zuschreibt. Als Indiz für die Richtigkeit seiner Hypothese betont *Trier*, daß sie eine Erklärung für die von *Stoklasa* betonte Parallelität der Eiweiß- und der Lecithinbildung bei höheren Pflanzen gebe. Mir scheint jedoch, daß jene Erscheinung durch die Tatsache, daß diese beiden Vorgänge von der Bildung kohlenstoffhaltiger Substanzen, also von der Assimilation abhängig sind und deshalb gleichzeitig in derselben Richtung verlaufen, eine genügende Erklärung findet.

Baudisch[1] hat die Kondensationsreaktionen der Nitrosylgruppe untersucht. Durch Versuche in vitro hat er bewiesen, daß Formhydroxamsäure aus Formaldehyd und 1,2 Nitrosylkalium entstehen kann, wenn auch in sehr geringer Ausbeute. Durch Reduktion der Oximgruppe könnten Aminosäuren entstehen. *Baudisch* ist der Meinung, die Eiweißbausteine könnten bei höheren Pflanzen in analoger Weise entstehen. Seine Auffassung geht aus folgendem Schema hervor:

$$H \cdot CHO + NOH \longrightarrow \quad \underset{H}{\overset{H}{>}} C \overset{OH}{\underset{NO}{<}} \quad \nearrow CH_2 = N \cdot O \cdot OH \\ \searrow HC \overset{NOH}{\underset{OH}{<}}.$$

Durch Lichtenergie würde nach *Baudisch* ein Zerfall von Kaliumnitrat in Sauerstoff und Nitrosyl bewirkt. Nitrosyl ergäbe dann mit Formaldehyd Nitrosomethylalkohol, der sofort in Acinitromethan und ferner in Formhydroxamsäure überginge. Auch könnte sich Kaliumnitrit unter Lichtwirkung in die Peroxydform umlagern. Diese würde dann mit Formaldehyd Pernitrosomethylalkohol ergeben, eine Verbindung, die unter Sauerstoffabgabe und Umlagerung Acinitromethan und Formhydroxamsäure ergibt. Diese ungemein reaktiven Stoffe könnten dann nach verschiedenen Reaktionen[2] weitere Eiweißbausteine ergeben. Die Eiweißsynthese wäre also nach *Baudisch* ein direkt lichtchemischer Vorgang.

Eine ähnliche Ansicht vertreten *Baly, Heilbron* und *Hudson*[3]. Auch diese Forscher glauben, daß aus Nitrat und lichtaktiviertem Formaldehyd Formhydroxamsäure gebildet wird. Diese Reaktion wurde von ihnen in vitro mit ultraviolettem Licht realisiert. Formhydroxamsäure soll dann mit Formaldehyd sofort variierende komplexere Produkte ergeben. Diese Synthese folgt nach *Baly* und Mitarbeiter zwei Hauptlinien: der Bildung von α-Aminosäuren und der von N-haltigen Basen verschiedener Typen.

---

[1] Centralbl. f. Bakt. (2) **32**, 520, 1907; Ber. Chem. **44**, 1009, 1911; *Baudisch* u. *Mayer*, Centralbl. f. Bakt. (2) **45**, 1771, 1912; *dieselben*, ebendaselbst **46**, 115, 1913; Ber. Chem. **49**, 1148, 1159, 1176, 1916; *Baudisch* u. *Klinger*, Centralbl. f. Bakt. (2) **49**, 1167, 1916.

[2] *L. Henry*, Ber. Chem. **38**, 2027, 1905; *Piloty*, ebendaselbst **30**, 1656, 1897.

[3] Journ. Chem. Soc. **121**, 1078, 1922.

O. Loew[1] hat gegen *Baudischs* Hypothese Einwände erhoben, die sich auch auf die Anschauungen von *Baly* und Mitarbeitern beziehen lassen. Er hebt hervor, daß Eiweiß ohne Zweifel auch im Dunkel gebildet werden kann und daß wir kein Recht haben, bei grünen Pflanzen eine ganz spezielle Methode für die Eiweißsynthese anzunehmen.

W. Löb[2] hat folgende Synthese mittels stiller elektrischer Entladungen realisieren können, wenn auch in sehr geringer Ausbeute:

$$2\,CO_2 + 2\,NH_3 + H_2O \longrightarrow 2\,H.CONH_2 + H_2O + O_2$$

$$2\,H.CONH_2 + H_2O \longrightarrow \begin{matrix} COONH_4 \\ | \\ CONH_2 \end{matrix} + H_2 \longrightarrow \begin{matrix} COONH_4 \\ | \\ CH_2NH_2 \end{matrix} + 0$$

$$\begin{matrix} COONH_4 \\ | \\ CH_2NH_2 \end{matrix} \longrightarrow \begin{matrix} COOH \\ | \\ CH_2NH_2 \end{matrix} + NH_3$$

Er nimmt an, daß die Eiweißsynthese in den Pflanzenorganismen in dieser Weise erfolgen könne.

Huppert[3] betont auch die Bedeutung ultralabiler Verbindungen bei der natürlichen Eiweißsynthese. Er stellt die Hypothese auf, daß dieselbe über labile Carbaminsäure erfolge; diese Verbindung würde aus CO_2 und NH_3 gebildet. Die labile Carbaminsäure ergäbe unter Abspaltung von H_2O oder H_2O_2 labile Isoblau- bzw. Blausäure. Diese Verbindungen würden dann zu Cyanimidokohlensäure, dem Nitril der labilen Oxaminsäure, kondensiert, und diese wiederum ergäbe mit H_2O_2 und H_2O Cyanimidokohlensäure, die nach dem Autor mit NH_3 und CO_2 zum Mikromol des Eiweißes kondensiert würde. Die Hypothesen *Hupperts* gehen aus folgenden Formeln hervor:

$$2CO_2 + 2\,NH_3 = 2\,NH:C\,(OH)_2$$
$$NH:C\,(OH)_2 = (OH)_2 + HN:C:$$
$$NH:C\,(OH)_2 = N\,\vdots\,C.OH + H.OH$$
$$HN:C: + HO.C\,\vdots\,N = HN:C-OH$$
$$\begin{matrix} \\ | \\ CN \end{matrix}$$

$$\begin{matrix} NH \\ \| \\ HO.C.OH \\ + \\ HO.C.OH \\ \| \\ NH \end{matrix} = \begin{matrix} NH \\ \| \\ HO.C \\ | \\ C \\ \cdots \\ N \end{matrix} + H_2O + (HO)_2$$

$$18\,NH:C.CN \atop | \atop OH \quad + 30\,H_2O\,(+ 4\,H_2O + H_2O_2\,?)$$

$$= 18\,NH:C\,(OH)_2 + 12\,NH_3 + 6\,CO_2 + C_{12}H_{18}N_6O_6\,(= Eiweißmikromol)$$

---

[1] Diese Zeitschr. **41**, 224, 1912; Chem. Ztg. 1912, Nr. 7; Ber. Chem. **46**, 684, 1913.

[2] Zeitschr. elektr. Chem. **12**. 282, 1906; Ber. Chem. **46**, 684, 1913.

[3] Konstitution und Konfiguration der Eiweißstoffe. Leipzig und Wien, Deuticke, 1928.

Das hypothetische Eiweißmikromol nach *Huppert*

$$\ldots\ C(OH) \ldots N \ldots\ldots\ C(OH) \ldots N \ldots\ldots\ C(OH) \ldots N \ldots\ldots$$
$$\quad\ |\qquad\qquad |\qquad\qquad\ |\qquad\qquad |\qquad\qquad\ |\qquad\qquad |$$
$$\quad CH_2\qquad\ CH_2\qquad\ CH_2\qquad\ CH_2\qquad\ CH_2\qquad\ CH_2$$
$$\quad\ |\qquad\qquad |\qquad\qquad\ |\qquad\qquad |\qquad\qquad\ |\qquad\qquad |$$
$$\ldots\ N \ldots\ldots\ C(OH) \ldots N \ldots\ldots\ C(OH) \ldots N \ldots\ldots\ C(OH) \ldots$$

Huppert denkt sich die Assimilation des Nitratstickstoffes folgendermaßen:

$$KNO_3 \longrightarrow KNO_2 + O \longrightarrow KNO + 2O$$

$$CO_2 + (KNO)_2 + 2H_2O = OHN:COOH(H) + KNO_2 + KOH$$

$$OHN:COOH(H) \longrightarrow O + NH:C\!\!<^{OH}_{OH} \longrightarrow \underset{NH}{CH = C(OH)} + 2O$$

Das Oxyacethylenimin wäre der einfachste Baustein des Pseudoeiweißes.

Da *Huppert* keine experimentellen Beweise für seine Hypothesen mitteilt, können seine Formeln recht phantastisch erscheinen; jedenfalls hat *Huppert* die mögliche Bedeutung ultralabiler Verbindungen bei der Eiweißsynthese nachdrücklich hervorgehoben.

Schließlich sprechen *Abderhalden* und *Schwab*[1] in sehr vorsichtiger Form aus, daß direkt aus zyklischen Verbindungen der Kohlenhydratserie heterozyklische Stoffe aus dem Typus von Diketopiperazin gebildet werden könnten. Diese sollten dann durch Vermittlung von Nebenvalenzen zu Eiweißstoffen assoziiert werden. Diese Hypothese kann zu den oben (S. 3) zitierten Darlegungen *Loews* in Beziehung gesetzt werden; auch hier würde wohl eine direkte Einwirkung von Ammoniak auf Zuckerarten in Frage kommen.

Methodik.

Bei Arbeiten betreffs des Stickstoffumsatzes höherer Pflanzen sind bisher zwei verschiedene Arbeitsmethoden angewendet worden:

1. Man hat Pflanzen in verschiedenen physiologischen Stadien analysiert und aus dem Vorhandensein oder Nichtvorhandensein verschiedener Verbindungen bezüglich des Verlaufs biologischer Reaktionen Schlußfolgerungen gezogen.

2. Man hat Pflanzen in Nährlösungen gezüchtet, die verschiedene N-haltige Verbindungen enthielten, und aus der Zunahme des Pflanzenstickstoffs geschlossen, ob die betreffenden Stoffe von den Pflanzen verwendet wurden.

Diese Arbeitsmethoden können aber über den Verlauf der synthetischen Reaktionen in den Pflanzenorganismen nur eine recht summarische Vorstellung geben.

Wenn ein Stoff bei der Untersuchung einer Pflanze gefunden wird, kann man im allgemeinen nicht mit Sicherheit feststellen, bei

---

[1] H. **139**, 173, 1924.

welcher Reaktion er entstanden ist. Es ist zwar möglich, auf Grund theoretischer Anschauungen sich eine mehr oder weniger wahrscheinliche Vorstellung darüber zu bilden, aber der experimentelle Nachweis kann nicht erbracht werden.

Stoffe, die in Nährlösungen den Pflanzen zugeführt werden und durch die Wurzeln in dieselben gelangen, können während der Aufnahme, wie auch während des Transportes zu den Blättern, in denen die Eiweißsynthese sich hauptsächlich abspielt, in mannigfaltiger Weise verwandelt werden. Stoffe, die den Wurzeln zugeführt werden, erreichen nur allmählich die verschiedenen Teile der Pflanze; Reaktionen, die bei der Einwirkung des fraglichen Stoffes eintreten, verlaufen deswegen in den verschiedenen Teilen der Pflanze nicht parallel. Also kommen Produkte, die zu verschiedenen Stufen der Reaktionen gehören, in den Pflanzen gleichzeitig vor, was die Beurteilung der Versuchsergebnisse in sehr hohem Maße erschwert.

Bei den oben erwähnten Arbeitsmethoden verlaufen die verschiedenen Reaktionen in den Pflanzen gleichzeitig und mit annähernd normaler Intensität; deshalb ist es oft unmöglich, festzustellen, zu welcher Reaktion ein Stoff, der während des Versuchs entsteht — und wieder verschwindet — gehört.

Eine nähere Untersuchung der Eiweißsynthese, als bisher möglich war, kann nur dann stattfinden, wenn folgende Forderungen erfüllt werden:

1. Während des Versuchs soll die Eiweißsynthese alle anderen Reaktionen in den Versuchspflanzen überwiegen. (Auf die wesentliche Mitwirkung des Atmungsabbaues komme ich S. 72 zurück.) Nur in diesem Falle darf man behaupten, daß Stoffe, die während des Versuchs entstehen, um wieder zu schwinden, Zwischenprodukte bei der Eiweißsynthese seien.

2. Die eiweißbildenden Reaktionen sollen in allen chemisch wirksamen Zellen sämtlicher Versuchspflanzen gleichzeitig einsetzen, sonst werden Produkte, die zu verschiedenen Stufen der Eiweißsynthese gehören, in den Pflanzen gleichzeitig gebildet; die Teilreaktionen verlaufen nicht parallel, und es wird dadurch äußerst schwierig, die Verhältnisse aufzuklären.

Um die beiden oben erwähnten Forderungen soweit wie möglich zu erfüllen, wende ich eine Methodik an, die sich von der Methodik anderer auf diesem Gebiet tätiger Forscher wesentlich unterscheidet. Ich bin mir wohl bewußt, daß man behaupten kann, ich hätte die Eiweißsynthese unter anormalen Bedingungen untersucht; auch wenn künftige Arbeiten die Berechtigung dieses Einwandes beweisen sollten, so sind doch die mittels meiner Methodik erzielten Ergebnisse geeignet, unsere Kenntnisse über die Biosynthese der Eiweißstoffe zu erweitern.

Bei meiner Arbeit verwende ich Pflanzen, die in einer N-freien Nährlösung gezüchtet werden, also *stickstoffhungrige Pflanzen*. Wenn Stickstoff diesen Pflanzen zugeführt wird, setzt die Eiweißsynthese sofort mit starker Intensität ein; dieser Prozeß *überwiegt alle anderen Reaktionen in den Versuchspflanzen*, bis der Eiweißgehalt den normalen Stand erreicht hat.

In dieser Weise wird die erste der oben erwähnten Forderungen erfüllt.

Die Vorteile, die durch Arbeiten mit stickstoffhungrigen Pflanzen zu erzielen sind, können aber nur dann völlig ausgenutzt werden, wenn es gelingt, auch die zweite Forderung zu erfüllen: den Stickstoff sämtlichen chemisch wirksamen Zellen der Pflanze gleichzeitig zuzuführen.

Dieses realisiere ich so, daß ich die Pflanzenteile mit einer Lösung desjenigen Stoffes *infiltriere*, dessen Umwandlungen ich im Pflanzenorganismus untersuchen will. Zu diesem Zwecke bediene ich mich der zuerst von *Senn*[1] angewendeten Vakuuminfiltrationsmethode.

Als Objekte für meine Untersuchungen verwende ich Weizenkeimpflanzen, nach der von mir früher[2] beschriebenen Kulturmethode gezüchtet. Ich verwende eine stickstofffreie Nährlösung, die bei Bedarf aus zwei Stammlösungen hergestellt wird. Die eine Stammlösung wird durch Auflösung von 660 g kristallisiertem $CaCl_2$ und $\frac{1}{2}$ g $FeCl_3$, die andere von 544 g KH_2PO_4 und 790 g $MgSO_4 . H_2O$ in 10 Liter destilliertem Wasser erhalten. 50 ccm der beiden Stammlösungen ergeben bei Verdünnung bis 10 Liter die von mir verwendete N-freie Nährlösung. Die Lösungen werden jeden dritten Tag gewechselt, wie in meiner oben zitierten Publikation beschrieben. Die grünen Keimpflanzen wurden täglich 12 bis 17 Stunden mit 60 Watt-Osramlampen in *Zeiss*schen Spiegelreflektoren in einer Entfernung von 30 cm bestrahlt. Für jede Versuchsserie wurden die Pflanzen aus neun Kulturen von etwa je 1200 Pflanzen in 25 cm-Kristallisierschalen verwendet. Grüne Pflanzen wurden bei einer Höhe von etwa 15 cm, etiolierte bei etwa 20 cm untersucht.

Bei dem Versuch werden die Blätter mit einem Rasiermesser abgeschnitten. Man mischt sie sorgfältig, damit nicht eventuell vorhandene, zufällige Unterschiede unter den verschiedenen Kulturen

---

[1] *G. Senn*, Die Gestalts- und Lageveränderung der Pflanzenchromatophoren, S. 88. Leipzig 1908.
[2] *Björkstén*, Soc. Scient. Fennica. Comm. Biol. **3**, Nr. 7, 1929.

auf die Versuchsergebnisse einwirken sollen, und führt sie in zwei Saugflaschen ein, die mit den Lösungen gefüllt sind, mit denen die Blätter infiltriert werden sollen.

Da es mir aus praktischen Gründen nicht möglich ist, bei den verschiedenen Versuchsserien genau dieselbe Temperatur und CO_2-Gehalt der Luft zu erzielen, untersuche ich immer gleichzeitig zwei Lösungen. Da stets die eine der Lösungen für mehrere Versuchsserien gemeinsam ist, wird es möglich, diese miteinander zu vergleichen.

Die in einer Saugflasche befindlichen Blättern werden in folgender Weise mit einer in der Flasche befindlichen Lösung infiltriert:

Die Saugflasche wird mittels einer guten Wasserstrahlpumpe evakuiert, wonach man wieder Luft in die Flasche eindringen läßt. Wenn dieses etwa viermal wiederholt wird, sind die Interzellularen der Blätter vollständig mit der Lösung gefüllt. Es ist leicht festzustellen, ob sie vollständig infiltriert sind: die Blätter sind dann halb durchsichtig und glasartig. Damit die Blätter in den beiden Flaschen praktisch gleichzeitig infiltriert werden, wird die eine Flasche erst einmal evakuiert und gefüllt, dann werden die Blätter in der anderen Flasche vollständig infiltriert, wonach die Infiltration der Blätter in der ersten Flasche abgeschlossen wird.

Die vollständig infiltrierten Blätter werden mittels einer Tiegelzange aus den Saugflaschen entfernt, in zwei 25 cm-Kristallisierschalen gelegt und in einer dunklen Schublade aufbewahrt. Die Lösungen werden ausgegossen, so daß die Blätter von Luft umgeben sind.

Stoffe, die ein Atom Stickstoff pro Mol enthalten, werden in 0,01 mol Lösung, andere Stoffe in Lösungen derselben Stickstoffkonzentration verwendet.

Die Wasserstoffionenkonzentrationen der Lösungen wurden immer vor den Versuchen elektrometrisch bestimmt und durch Zusatz von geeigneten Mengen HCl bzw. NaOH mit einer Genauigkeit von $\pm$ 0,3 gleich gemacht. Bei den meisten Versuchen habe ich mit Lösungen von $p_H = 6$ gearbeitet.

Der größte Teil der für meine Arbeiten verwendeten chemischen Verbindungen wurde von der Firma *Schering-Kahlbaum* in reinster käuflicher Form bezogen. Diejenigen der untersuchten Verbindungen, die nicht im Handel vorkommen, wurden als Literaturpräparate in der synthetischen Abteilung des Laboratoriums der hiesigen Universität hergestellt.

In beiden Fällen wurde die Reinheit der Verbindungen auf die in der Literatur angegebene Weise geprüft; wenn die Prüfung nicht völlige Reinheit der betreffenden Verbindungen anzeigte, reinigte ich sie, bis keine Unreinheit mehr nachzuweisen war.

Nach Ablauf der Zeit, während welcher der gelöste Stoff auf die Parenchymzellen der Blätter einwirken soll, werden 40 ± 1 g der Blätter aus jeder der beiden Kristallisierschalen auf einer Federwaage gewogen, in V-gebogenes Metallgeflecht eingeführt und in einen Trockenschrank von 200^0 gebracht. Auf dem Boden des Schrankes befindet sich eine 2 cm dicke Schicht Quarzsand, um die Wärmekapazität des Schrankes zu erhöhen. Auf dem Sande liegen ganz locker drei Metalldrahtgeflechte zur möglichst gleichmäßigen Erwärmung der Blätter. Die Ventilationslöcher des Schrankes sind geschlossen, damit die Blätter bei der Erwärmung nicht trocknen sollen. In diesem Falle werden sie nämlich leicht teilweise verbrannt. In dieser Weise werden die Blätter 12 Minuten erhitzt, wobei die Temperatur des Schrankes auf 170 bis 175^0 zurückgeht. Bei dieser Behandlung werden die Enzyme der Blätter zerstört, und der Versuch wird also effektiv abgebrochen.

Die Blätter werden aus dem Trockenschrank herausgenommen und hervorstehende verbrannte Blätter mittels einer Schere entfernt; die übrigen trocknete ich auf der Heizung. Im Sommer verwende ich zum Trocknen ein Metalldrahtgeflecht über einem elektrischen Wärmeapparat.

Im allgemeinen werden bei jeder Versuchsserie Proben in der oben beschriebenen Weise nach 0, 1, 3, 4, 5 und 6 Stunden genommen.

Wenn sämtliche Proben völlig lufttrocken sind, werden sie in einer kleinen Handmühle zerkleinert und $1\frac{1}{2}$ Tage über Schwefelsäure im Vakuumexsikkator getrocknet. Danach werden 900 bis 1100 ± 1 mg von jeder Probe auf einer Schnellwaage abgewogen und in 200 ccm Kjeldahlkolben gebracht. Jeder Kolben wird mit 100 ± 5 ccm destilliertem Wasser versetzt, mit lockeren Pfropfen verschlossen und 4 Stunden im kochenden Wasserbad erhitzt. Während des Digerierens werden die Kolben dreimal umgerührt. Nach dem Digerieren fälle ich die Eiweißstoffe aus. Meistens bediente ich mich der *Barnstein*schen Methode[1] in etwas modifizierter Form. Zu jedem Kolben fügte ich 10 ccm konzentrierte Lösung von $CuSO_4$ hinzu, wonach das Digerieren noch $\frac{1}{2}$ Stunde fortgesetzt wurde. Darauf wurde in jeden Kolben 0,34 n $NaOH$-Lösung hineinpipettiert; 0,1 ccm auf 10 mg Pflanzensubstanz. Die Kolben wurden geschüttelt und die Fällungen in 15 cm Filtern filtriert. Die Kjeldahlkolben wurden zweimal mit warmem Wasser gewaschen und nachher im Trockenschrank getrocknet. Die Fällungen wurden noch viermal mit warmem Wasser gewaschen. Danach wurden sie eine Nacht auf der Heizung getrocknet, in die zugehörigen Kjeldahlkolben eingeführt und mit

---

[1] Landw. Versuchsst. **54**, 327, 1900.

20 ccm konzentrierter H_2SO_4, etwa 5 g K_2SO_4 und einem Tropfen Quecksilber verbrannt. Im Sommer wurden die Fällungen im Trockenschrank bei 105^0 getrocknet. Der Stickstoff wurde dann in üblicher Weise nach *Kjeldahl* bestimmt.

Weil die Problemstellung in der vorliegenden Arbeit speziell die Eiweißbildung bei verschiedenen N-Quellen betraf, so bestimmte ich in den meisten Versuchen nur den Eiweißstickstoff. In einigen Fällen bestimmte ich jedoch auch in anderer Weise gebundenen Stickstoff.

Ammoniak habe ich dabei nach *Longi*[1] durch Destillieren von 100 ccm des Filtrats mit MgO nach der Eiweißfällung bestimmt.

Amidostickstoff wurde nach *Sachses* Verfahren[2,3] in etwas modifizierter Form bestimmt: Der Rückstand nach der NH_3-Bestimmung wird mit HCl neutralisiert, wonach noch so viel konzentrierte Salzsäure zugesetzt wird, daß die Lösung in bezug auf HCl 6%ig ist. Danach wird sie 5 Stunden im siedenden Wasserbad erhitzt und dann das durch Hydrolyse des Amidostickstoffs gebildete Ammoniak durch Destillation in einem *Kjeldahl*-Destillationsapparat bestimmt.

Aminostickstoff bestimme ich nach *van Slyke* in 5 ccm Filtrat.

Die Gesamtmenge löslichen Stickstoffs wird derart erfaßt, daß 50 ccm des Filtrats nach der Eiweißbestimmung in Kjeldahlkolben eingemessen, 10 ccm H_2SO_4 und ein Tropfen Quecksilber hinzugefügt werden; das Wasser wird dann durch Erhitzen entfernt und der Stickstoff in üblicher Weise nach *Kjeldahl* bestimmt.

Bei einigen Versuchen sind auch Bestimmungen der CO_2-Entwicklung während der Eiweißsynthese ausgeführt worden. Zu diesem Zwecke wiege ich auf einer Federwaage sofort nach der Infiltration 30 bis $100 \pm \frac{1}{2}$ g Blätter ab und führe diese nebst 200 ccm destillierten Wassers in 750 ccm-Jenaer-Rundkolben ein, die ich mit Pfropfen verschließe. Nach Ablauf der Versuchszeit wird etwa die Hälfte des Wassers in mit konzentrierter $Ba(OH)_2$-Lösung gefüllte Erlenmeyerkolben überdestilliert. Nach der Destillation werden die $BaCO_3$-Fällungen in Goochtiegeln Nr. 1 filtriert und dreimal mit heißem Wasser gewaschen. Danach werden die Goochtiegel nebst Fällungen in 1000 ccm-Kolben mit weitem Hals gebracht. Die Fällungen werden in 100 ± 5 ccm Wasser + 20 ccm n/10 HCl gelöst, wonach die überschüssige HCl unter vorsichtigem Schütteln mit NaOH zurücktitriert wird.

---

[1] *E. Schulze* u. *E. Winterstein*, Abderhaldens Handb. d. biochem. Arbeitsmethod. **2**, 528, 1909.

[2] *Dieselben*, ebendaselbst **2**, 513, 1909.

[3] *Appleman, Loomis, Phillips, Tottingham, Willaman*, Plant. Phys. **2**, 205. 1927.

Besprechung meiner Methoden.

Mein Pflanzenmaterial.

Beim Arbeiten nach meiner Methodik werden große Mengen in bestimmten Nährlösungen gezüchteter Keimpflanzen verwendet. Als Versuchsobjekte kommen deshalb nur Pflanzen in Betracht, von denen Samen in großen Mengen leicht zu erhalten sind, die schnell wachsen und in Nährlösungen gut gedeihen. Diese Forderungen werden am besten von den Getreidearten erfüllt.

Der Hafer wächst ziemlich langsam und bietet keine besonderen Vorteile.

Der Roggen zeigt eine stärkere enzymatische Aktivität in bezug auf die Eiweißbildung als andere Getreidearten, aber er ist dafür schwieriger zu kultivieren und ergibt pro Kultur weniger Blätter als Gerste oder Weizen.

Die beiden letzteren sind ungefähr gleichwertig. Nach mehreren Versuchen mit verschiedenen Arten fand ich, daß eine Weizenart, „Gammalt lantvete" genannt, aus Esbogård bezogen, für meine Arbeiten, teils aus praktischen Gründen, der vorteilhafteste war. Der Herr zu Esbogård, wirkl. Staatsrat Dr. *August Ramsay* stellte mir große Quantitäten dieser Weizenart zur Verfügung, wofür ich ihm hier ergebenst danke.

Es wäre äußerst mühsam, Keimpflanzen nach der Wasserkulturmethode in dem Maßstab zu kultivieren, wie es für meine Untersuchungen erforderlich ist. Die Sandkulturmethode würde sich als bequemer erweisen, aber bei dieser Methode wäre es schwierig, die Kulturen gut auszuwaschen, welches die bequemste Art ist, Störungen der Versuche durch Bakterien zu vermeiden. Auch wäre das Ausglühen und Waschen der großen Mengen Quarzsand, welche bei diesem Verfahren nötig sind, mühsam.

Deshalb habe ich die von mir bereits beschriebene[1] Glaswollekulturmethode angewandt. Diese ermöglicht ein bequemes, wenig Raum erforderndes und sauberes Arbeiten mit den großen Kulturen. Für Kulturen, die nach dem Sandkulturverfahren wöchentlich etwa 50 kg Quarzsand erfordern würden, genügen mir 700 g Glaswolle.

Die von mir angewandte N-freie Nährlösung wird in den nachstehenden Versuchen mit den von *Balicka-Ivanowska* sowie *Lipman* und *Taylor*[2] verwendeten N-freien Nährlösungen verglichen.

---

[1] *Björkstén*, Soc. Scient. Fennica. Comm. Biol. **3**, Nr. 7, 1929.
[2] Journ. Franklin Inst. **198**, 475, 1924.

Versuch 1.

Von den neun Kulturen einer Versuchsserie wurden drei in der N-freien Nährlösung von *Balicka-Ivanowska*[1] (1,6 g K_2HPO_4, 1,2 g KCl, 1 g $MgSO_4$ und 1 g $CaSO_4 \cdot H_2O$ pro Liter Nährlösung), drei in *Schive*s Nährlösung[2] ohne Nitrat (1,85 g KH_2PO_4, 2,76 g $MgSO_4$ und 0,6 g $CaSO_4$ pro Liter) drei Kulturen in meiner oben (S. 9) beschriebenen Nährlösung (0,33 g kristallisiertes $CaCl_2$, 0,272 g KH_2PO_4 und 0,395 g $MgSO_4 \cdot H_2O$ pro Liter). Nach zehn Tagen wurden 100 Pflanzen aus jeder der neun Kulturen frisch und bei 105° getrocknet gewogen.

Der Befund ergab:

	Frisch gewogen mg	Trocken gewogen mg
*Balicka-Ivanowska*s Lösung I	203	16,4
„ „ „ II	209	16,31
„ „ „ III	206	16,46
*Schive*s Lösung ohne N I	212	16,6
„ „ „ N II	210	16,4
„ „ „ N III	208	16,36
*Björkstén*s Lösung I	189	16,00
„ „ II	197	15,57
„ „ III	202	16,20

Es ist ersichtlich, daß der Unterschied zwischen den verschiedenen, Lösungen bei so jungen Pflanzen wie die erwähnten unbedeutend sind. Meine Lösung ist jedoch die billigste.

C. B. Lipman und *J. K. Taylor*[3] sind nach ausführlichen Untersuchungen zu dem Ergebnis gekommen, daß mehrere höhere Pflanzen Luftstickstoff direkt binden könnten. *Lipman* und *Taylor* machten insbesondere mit Weizen viele Versuche, also mit demselben Objekt, das ich in der vorliegenden Arbeit verwende.

Da ihre Arbeit bisher nicht nachgeprüft wurde und sogar in der Literatur[4] als unwiderlegt zitiert worden ist, hielt ich es für nötig, dieselbe nachzuprüfen, damit nicht eine eventuelle Assimilation des atmosphärischen Stickstoffs bei meinen Versuchen Störungen verursachen sollte. Diese Nachprüfung, die ich gemeinsam mit Herrn

---

[1] Bull. Ac. sc. Cracovie 1903, S. 9.

[2] Amer. Journ. Bot. **2**, 157, 1915.

[3] Science **56**, 605, 1922; Journ. Franklin Inst. **198**, 475, 1924.

[4] *Henrich*, Theorien der organischen Chemie, S. 487. Braunschweig Vieweg & Sohn, 1924.

cand. chem. *Into Himberg* unternahm[1], konnte die Ergebnisse *C. B. Lipmans* und *J. K. Taylors* nicht bestätigen.

Die Einwirkung des Evakuierens auf die Versuchspflanzen.

Für die vorliegende Arbeit ist folgende Frage von ganz grundlegender Bedeutung: in wie hohem Maße lassen sich Resultate verallgemeinern, die bei Untersuchungen von infiltrierten Blättern gewonnen sind? Oder mit anderen Worten: in welchem Maße stört die Infiltration den normalen Stoffwechsel der Versuchspflanzen?

Um untersuchen zu können, ob das Evakuieren den Pflanzen schadet, züchtete ich Weizen auf Glaswolle in vier Saugflaschen; zwei im Dunkeln und zwei bei Licht. Wenn die im Dunkeln gezüchteten Pflanzen eine Höhe von 20 cm, die bei Licht 15 cm erreicht hatten, wurden die Flaschen evakuiert und Luft heftig wieder eingelassen. Dieses wurde sechsmal wiederholt mit je einer Kultur im Dunkeln und einer bei Licht. Ein Unterschied im Wachstum zwischen den evakuierten und den nicht evakuierten Kulturen konnte während der folgenden 6 Tage nicht bemerkt werden. Das Evakuieren in der Weise, wie es beim Infiltrieren ausgeführt wird, schädigt also nicht sichtbar die Pflanzen. Zum selben Ergebnis kamen auch *Senn*[2], *Neger*[3] u. a.

Webers Zentrifugeninfiltrationsmethode[4] konnte ich leider nicht prüfen, weil keine für diesen Zweck brauchbare Zentrifuge zu meiner Verfügung steht. Diese Methode würde den Vorteil gewähren, daß die Infiltration mit verschiedenen Lösungen absolut gleichzeitig erfolgen könnte. Es ist kaum anzunehmen, daß das Zentrifugieren die Fähigkeit des Plasmas, Eiweiß zu synthetisieren, stören würde, selbst für die zunächst folgenden Stunden nicht. *Heilbrun* hat erwiesen[5], daß selbst die Viskosität des Plasmas beim Zentrifugieren nicht nachweisbar verändert wird.

Die Einwirkung infiltrierter H_2O_2-Lösungen auf die Oxydationsvorgänge in den Blattparenchymzellen.

Sauerstoffmangel wäre die wahrscheinlichste Ursache zu anormalem Verlauf der Lebensprozesse bei infiltrierten Blättern. Zwecks Bestimmung, in welchem Maße der Mangel an Sauerstoff auf den normalen Stoffwechsel störend wirkt, wurde folgender Versuch ausgeführt:

---

[1] *Björkstén* u. *Himberg*, Memoranda Soc. pro Fauna et Flora Fennica **6**, 114, 1930.

[2] Die Gestalts- und Lageveränderung der Pflanzenchromatophore, S. 88. Leipzig 1908.

[3] Ber. Bot. **30**, 180, 1912.

[4] Protoplasma **1**, 581, 1926.

[5] Journ. of exp. Zool. **43**, 313, 1926.

Versuch 2. Material: 50 g etiolierte Pflanzen.

	mg CO_2 nach		
	0 Std.	3 Std.	6 Std.
Pflanzen nicht infiltriert	22,8	49,3	54,2
„ infiltriert mit H_2O	21,6	—	52,4
„ „ „ 0,1 % H_2O_2 . . .	22,2	54,2	78,8

Aus dem Versuch geht hervor, daß der Unterschied in CO_2-Bildung zwischen nicht infiltrierten und mit Wasser infiltrierten Blättern gering ist. Dagegen kann die Verbrennung durch H_2O_2 in sehr hohem Maße gesteigert werden. Um ermitteln zu können, ob und in welchem Maße die Verbrennung durch H_2O_2 gesteigert werden kann, wurde folgender Versuch ausgeführt:

Versuch 3. Material: 30 g etiolierte Pflanzen.

Infiltriert mit % H_2O_2	mg CO_2 nach 6 Std.	CO_2-Entwicklung während des Versuchs. (Im Anfang 12,0 mg CO_2.)
0,0	22,4	10,4
0,033	26,6	14,6
0,066	27,8	15,8
0,1	31,2	19,2
0,15	33,6	21,6
0,2	34,8	22,8

In keinem Falle war eine merkbare Gasentwicklung eingetreten. Während der ganzen Versuchszeit behielten sämtliche Blätter das für infiltrierte Blätter bezeichnende halbdurchsichtige Aussehen. Daß H_2O_2 in erheblichen Mengen unzersetzt in die Zellen gelangen konnte, ist wegen des hohen Katalasegehaltes der Parenchymzellen meiner Ansicht nach unwahrscheinlich.

Die starke Steigerung der Verbrennung bei dem obigen Versuch ist um so mehr bemerkenswert, als die Versuchspflanzen etioliert, also arm an Kohlenhydraten waren.

Um nun untersuchen zu können, ob und in welchem Maße die Verbrennung unter Einwirkung von H_2O_2 durch Zufuhr von Kohlenhydraten noch gesteigert werden kann, führte ich folgenden Versuch aus:

Versuch 4. Material: 30 g etiolierte Keimpflanzen.

Infiltriert mit H_2O_2 + Glucose	mg CO_2 nach 6 Std.	CO_2-Entwicklung während des Versuchs. (Im Anfang 11,0 mg CO_2.)
0,43% H_2O_2	32,6	21,6
+ 0,05% Glucose .	38,4	27,4
+ 0,1 % „ .	43,6	32,6
+ 0,15% „ .	43,4	32,4
+ 0,22% „ .	43,8	32,8

Die verwendete H_2O_2-Menge würde genügen, um eine 0,19 %ige Glucoselösung vollständig zu CO_2 zu oxydieren. Wenn bei den drei letzten Lösungen die CO_2-Entwicklung praktisch dieselbe war, hängt dieses also nicht davon ab, daß das Wasserstoffperoxyd verbraucht wäre, sondern davon, daß die Pflanzen nicht größere Mengen Glucose als die in 0,1 %iger Lösung vorhandene aufnehmen und verbrennen können.

Aus obigen Versuchen geht hervor, daß wir in Wasserstoffperoxyd ein Mittel besitzen, die Intensität der Oxydation in den Pflanzenzellen weit über die normale zu steigern; aus dem Versuch 2 geht hervor, daß auch die durch H_2O_2 gesteigerte Verbrennung während der Versuchszeiten einigermaßen gleichmäßig vor sich geht.

Vielleicht könnte uns diese Erscheinung eine sehr bequeme Methode in die Hand geben, um die Verwertbarkeit verschiedener C-Quellen für die Pflanzen zu bestimmen. Zu diesem Zweck brauchte man nur zwei Proben von Blättern zu infiltrieren, die eine mit einer etwa 0,3 %igen H_2O_2-Lösung, die andere mit einer Lösung derselben Konzentration an H_2O_2 + etwa 0,1 % der zu untersuchenden C-Quelle. Wenn diese sich von der Pflanze verwerten läßt, weist die letztere Probe nach einigen Stunden eine viel größere CO_2-Entwicklung als die erste auf.

Über den Verlauf der Eiweißsynthese bei durch H_2O_2 gesteigerter Oxydationsintensität.

Um festzustellen, inwieweit die durch H_2O_2 gesteigerte Verbrennung auf den Verlauf der Eiweißsynthese der Pflanzen einwirkt, wurden folgende Versuche gemacht:

Versuch 5. Material: Grüne Pflanzen, die letzten zwölf Stunden bei Licht.

Infiltriert mit	mg Eiweiß-N pro g Trockensubstanz nach						
	8 Min.	1 Std.	3 Std.	4 Std.	5 Std.	5 Std. 46 Min.	6 Std.
0,01 mol. $CO(NH_2)_2$	46,8	48,0	48,2	48,4	—	48,2	47,7
+ 0,016% H_2O_2 .	47,2	47,7	48,1	48,6	48,5	47,7	47,7
Differenz	−0,4	+0,3	+0,1	−0,2	—	+ 0,5	±0,0

Versuch 6. Material: Etiolierte Weizenkeimpflanzen.

Infiltriert mit	mg Eiweiß-N pro g Trockensubstanz nach					
	6 Min.	1 Std.	3 Std.	4 Std. 23 Min.	5 Std. 15 Min.	6 Std.
0,01 mol. $CO(NH_2)_2$ p_H : 6,2	40,7	40,6	41,7	41,7	41,8	42,1
+ 0,032% H_2O_2, p_H : 6,2	40,7	41,4	41,4	41,9	42,1	42,1
Differenz	±0	−0,8	+0,3	−0,2	−0,3	±0

Versuch 7.

Material: Etiolierte Keimpflanzen.

Infiltriert mit I: 0,01 mol. $CO(NH_2)_2$ + 0,007 mol. Glucose.

II: 0,01 mol. $CO(NH_2)_2$ + 0,007 mol. Glucose + 0,1% H_2O_2.

	mg Eiweiß-N pro g Trockensubstanz nach					
	9 Min.	1 Std.	3 Std.	4 Std.	5 Std.	6 Std.
I.	38,2	39,2	39,2	40,1	40,1	39,7
II.	38,8	39,6	39,8	40,5	40,6	40,3
Differenz . .	— 0,6	— 0,4	— 0,6	— 0,4	— 0,5	— 0,6

Aus diesen Versuchen geht hervor, daß ein H_2O_2-Gehalt von 0,016 bzw. 0,032% die Eiweißsynthese nicht beeinflußt, obgleich die spätere Konzentration des Oxydationsmittels nach Versuch 3 eine Vermehrung der CO_2-Entwicklung verursacht, die doppelt so groß ist wie der im Versuch 2 gefundene Unterschied zwischen infiltrierten und nicht infiltrierten Blättern.

Auch beim Verwenden einer H_2O_2-Menge, die die CO_2-Entwicklung fast um das Doppelte des Normalen steigert, verläuft die Eiweißsynthese innerhalb der Fehler der Bestimmungsmethode mit derselben Geschwindigkeit wie ohne H_2O_2.

Diese Versuche zeigen mit aller Wahrscheinlichkeit, daß Mangel an Sauerstoff die Eiweißsynthese nicht in nachweisbarer Weise innerhalb der in Frage kommenden kurzen Versuchszeiten beeinflußt.

Versuche zur Bestimmung der für die Eiweißsynthese optimalen Konzentration verschiedener N-Quellen.

Zwecks Ermittlung, welche Konzentration der zu untersuchenden Stoffe in den Lösungen am vorteilhaftesten wäre, wurden folgende Versuche ausgeführt:

Versuch 8.

Material: Grüne Pflanzen, letzte 14 Stunden bei Licht.

Infiltriert mit	mg Eiweiß-N pro g Trockensubstanz nach	
	0 Std.	6 Std.
0,01 mol. $CO(NH_2)_2$	48,0	49,4
0,015 „ $CO(NH_2)_2$	47,7	50,4
0,02 „ $CO(NH_2)_2$		50,0
0,03 „ $CO(NH_2)_2$		49,8

Versuch 9.

Material: Grüne Weizenkeimpflanzen, letzte 17 Stunden bei Licht.

Infiltriert mit	mg Eiweiß-N pro g Trockensubstanz nach	
	0 Std.	5 Std.
0,02 mol. KNO_2	43,1	44,4
0,024 „ KNO_2	43,5	44,2
0,030 „ KNO_2		44,9
0,040 „ KNO_2		44,7
0,060 „ KNO_2		44,2
0,060 „ KNO_2		44,5

Versuch 10.

Material: Grüne Weizenkeimpflanzen, letzte 15 Stunden bei Licht.

Infiltriert mit	mg Eiweiß-N pro g Trockensubstanz nach	
	0 Std.	5 Std.
0,02 mol. $CH_3 . NH_2$	43,2	45,1
0,025 „ $CH_3 . NH_2$	43,0	45,9
0,030 „ $CH_3 . NH_2$		45,6
0,035 „ $CH_3 . NH_2$		45,7

Versuch 11.

Material: Etiolierte Weizenkeimpflanzen.

Infiltriert mit	mg Eiweiß-N pro g Trockensubstanz nach	
	0 Std.	5 Std.
0,006 mol. Glucose + 0,01 mol. $CO(NH_2)_2$	34,4	36,3
+ 0,015 „ $CO(NH_2)_2$	34,0	37,0
+ 0,020 „ $CO(NH_2)_2$		36,6
+ 0,007 „ $CO(NH_2)_2$		36,0

Versuch 12.

Material: Etiolierte Weizenkeimpflanzen.

Infiltriert mit	mg Eiweiß-N pro g Trockensubstanz nach	
	0 Std.	5 Std.
0,006 mol. Glucose + 0,01 mol. KNO_2		34,6
+ 0,02 „ KNO_2	33,7	35,4
+ 0,03 „ KNO_2	33,0	35,8
+ 0,04 „ KNO_2		35,3

Auf Grund der obigen Versuche entschied ich mich für die oben erwähnten Konzentrationen von 0,01 mol. Lösungen von Stoffen, die pro Mol ein Atom N enthalten, und damit N-äquivalente Mengen anderer Stoffe. Diese Konzentrationen sind so klein, daß Vergiftungserscheinungen bei den untersuchten Verbindungen im allgemeinen nicht zu befürchten sind. Zwar könnte man noch größere Konzentrationen verwenden, um größere Unterschiede an Eiweißgehalt nach verschiedenen Versuchszeiten zu erzielen, aber dann wären die Versuchspflanzen am Ende des Versuchs nicht mehr besonders N-hungrig, der Unterschied im physiologischen Zustand der Zellen zu Beginn und am Ende des Versuchs bedeutend, was auf die Vergleichbarkeit der verschiedenen Versuchsserien in unvorteilhaftem Sinne einwirken würde.

Über die Einwirkung von Ionen der Alkalimetalle, sowie Lösungen von verschiedenem osmotischem Druck auf den Verlauf der Eiweißsynthese.

Daß weder die Anwesenheit von Ionen der Alkalimetalle, noch der Unterschied im osmotischen Druck auf die Eiweißsynthese in höherem Maße einwirkt, geht aus folgenden Versuchen hervor:

Versuch 13.

Material: Grüne Pflanzen, letzte 15 Stunden bei Licht.
Infiltriert mit I. 0,01 mol. $CO(NH_2)_2$; p_H: 6,2.
II. 0,01 mol. $CO(NH_2)_2 + 0,01$ mol. KCl; p_H: **6,3**.

	mg Eiweiß-N pro g Trockensubstanz nach					
	9 Min.	1 Std.	3 Std.	4 Std.	5 Std.	6 Std.
I.	41,6	41,5	43,7	43,9	45,0	45,0
II.	41,5	41,5	43,6	44,4	45,4	44,3; 44,7
Differenz . .	+ 0,1	± 0,0	+ 0,1	— 0,5	— 0,4	+ 0,5

Versuch 14.

Material: Grüne Pflanzen, letzte 15 Stunden bei Licht.
Infiltriert mit I. 0,01 mol. $CO(NH_2)_2$; p_H: 6,1.
II. 0,01 mol. $CO(NH_2)_2$, 0,01 mol. $NaCl$; p_H: 6,1.

	mg Eiweiß-N pro g Trockensubstanz nach						
	9 Min.	1 Std.	2 Std.	3 Std.	4 Std.	5 Std.	6 Std.
I.	42,3	42,0	42,0	42,9	43,7	44,0	43,6
II.	42,8	42,0	42,3	43,0	43,8	43,8	43,6
Differenz . .	— 0,5	± 0,0	— 0,3	— 0,1	— 0,1	+ 0,2	± 0,0

Versuch 15.

Material: Etiolierte Weizenkeimpflanzen.
Infiltriert mit I. 0,01 mol. $CO(NH_2)_2$; p_H: 6,4.
II. 0,01 mol. $CO(NH_2)_2$, 0,01 mol. KCl; p_H: 6,6.

	mg Eiweiß-N pro g Trockensubstanz nach					
	8 Min.	1 Std.	3 Std.	4 Std.	5 Std.	6 Std.
I.	35,5	35,0	35,6	37,1	37,5	37,1
II.	35,4	35,1	35,3	36,9	37,5	36,8
Differenz . .	+ 0,1	— 0,1	+ 0,3	+ 0,2	± 0,0	+ 0,3

Versuch 16.

Material: Etiolierte Weizenkeimpflanzen.

Infiltriert mit   I.   0,01 mol. $CO(NH_2)_2$, 0,006 mol. Glucose; p_H: 6,0.
              II.   0,01 mol. $CO(NH_2)_2$, 0,006 mol. Glucose, 0,02 mol.
              Arabinose; p_H: 6,1.

	mg Eiweiß-N pro g Trockensubstanz nach					
	9 Min.	1 Std.	3 Std.	4 Std.	5 Std.	6 Std.
I.	42,5	42,2	42,3	44,4	44,3	44,0
II.	42,0	42,5	42,2	44,2	44,5	44,1
Differenz . .	+ 0,5	— 0,3	+ 0,1	+ 0,2	— 0,2	— 0,1

Über die Einwirkung der Azidität infiltrierter Lösungen auf den Verlauf der Eiweißsynthese.

Die Einwirkung der Wasserstoffionenkonzentration der infiltrierten Lösungen auf den Verlauf der Eiweißsynthese geht aus nachstehenden Versuchen hervor.

Versuch 17.

Material: Grüne Weizenkeimpflanzen, letzte 15 Stunden bei Licht.

Infiltriert mit   I.   0,01 mol. $CO(NH_2)_2$; p_H: 6,0.
              II.   0,01 mol. $CO(NH_2)_2$, HCl; p_H: 4,0.

	mg Eiweiß-N pro g Trockensubstanz nach						
	9 Min.	1 Std.	2 Std.	3 Std.	4 Std.	5 Std.	6 Std.
I.	43,8	43,5	43,4	43,9	44,5	45,2	44,8
II.	43,5	43,2	43,7	43,8	44,2	44,7	44,4
Differenz . .	+ 0,3	+ 0,2	— 0,3	+ 0,1	+ 0,3	+ 0,5	+ 0,4

Das p_H des Preßsaftes aus den infiltrierten Blättern betrug nach 0 Stunden 6,0 bzw. 5,7 und nach 5 Stunden 6,1 bzw. 5,9.

Versuch 18.

Material: Grüne Weizenkeimpflanzen, letzte 15 Stunden bei Licht.

Infiltriert mit   I.   0,01 mol. $CO(NH_2)_2$; p_H : 6,0.
              II.   0,01 mol. $CO(NH_2)_2$, NaOH; p_H: 8,0.

	mg Eiweiß-N pro g Trockensubstanz nach					
	8 Min.	1 Std.	3 Std.	4 Std.	5 Std.	6 Std.
I.	42,7	42,7	43,0	44,4	44,6	43,9
II.	43,0	42,4	42,6	44,5	44,3	44,1
Differenz . .	— 0,3	+ 0,3	+ 0,4	— 0,1	+ 0,3	— 0,2

Das p_H des Preßsaftes aus den infiltrierten Blättern betrug nach 0 Stunden 6,0 bzw. 6,2 und nach 6 Stunden 6,0 bzw. 6,1.

Versuch 19.

Material: Etiolierte Weizenkeimpflanzen.

Infiltriert mit I. 0,01 mol. $CO(NH_2)_2$ + 0,006 mol. Glucose; p_H: 6,0.
II. 0,01 mol. $CO(NH_2)_2$ + 0,006 mol. Glucose; p_H: 5,0.

	mg Eiweiß-N pro g Trockensubstanz nach					
	9 Min.	1 Std.	3 Std.	4 Std.	5 Std.	6 Std.
I.	41,1	41,0	41,6	42,8	43,0	42,1
II.	41,6	41,0	41,2	42,9	43,2	42,6
Differenz . .	— 0,5	± 0	+ 0,4	— 0,1	— 0,2	— 0,5

Aus diesen Versuchen wie auch aus den Versuchen 97 und 98 (S. 54), in denen mittels infiltrierter Lösungen sehr verschiedener Azidität (p_H) starke und zwar fast maximale Synthesen erzielt wurden, geht hervor, daß Unterschiede in der Wasserstoffionenkonzentration von einigen Zehnteln p_H auf die Versuchsergebnisse nicht nachweisbar einwirken. Deshalb wurde die Einstellung auf gleiches p_H nicht genauer als ± 0,3 ausgeführt.

Bei der Beurteilung der Frage, auf welches p_H die Lösungen eingestellt werden sollen, kann man von zwei verschiedenen Gesichtspunkten ausgehen. Einerseits ist es zu wünschen, daß möglichst wenig fremde Stoffe hinzugefügt werden sollen, andererseits wiederum, daß das p_H der Lösungen demjenigen der Pflanzenzellen möglichst nahe kommt. Bei den Versuchen, die ich in diesem Winter ausführte, ließ ich den zweiten Gesichtspunkt ausschlaggebend sein und arbeitete bei $p_H = 6$, was das p_H des Preßsaftes aus den Blättern ist. Bei früheren Versuchen habe ich aber bei p_H 6,5 und sogar 7 gearbeitet. Aus obigen Versuchen über den Einfluß der Azidität der Lösungen auf den Verlauf der Eiweißsynthese geht hervor, daß die Versuche bei verschiedenen p_H sich in sehr hohem Grade miteinander vergleichen lassen. Dieses hängt natürlich damit zusammen, daß jene sehr verdünnten Lösungen ein geringes Pufferungsvermögen besitzen, und nicht damit, daß das wirkliche p_H der Reaktion auf die Synthese nicht einwirken sollte; das Gegenteil ist ja von *Prianischnikow*[1] und *Pirschle*[2] in interessanten Arbeiten nachgewiesen worden.

Über den Einfluß der Permeabilitätsverhältnisse in den Blattparenchymzellen auf meine Ergebnisse.

Die Infiltrationsmethode ermöglicht unzweifelhaft eine Untersuchung der Eiweißsynthese in den Pflanzenorganismen in einer Weise, wie es zuvor nicht möglich war. Die Synthese setzt gleichzeitig in

---

[1] Diese Zeitschr. **207**, 341, 1929.
[2] Ber. Bot. **47**, 86, 1929.

sämtlichen chemisch wirksamen Zellen der Pflanzen ein. Es ist auch möglich, in dieser Weise Blättern Stoffe zuzuführen, die unmöglich unzersetzt durch die Wurzeln aufgenommen werden könnten, die während des Transportes zu den Blättern zersetzt würden, oder die bei längerer Einwirkung auf die Pflanzen giftig wirkten. Dazu ist es noch möglich, die Versuche in einer Zeit auszuführen, die Störungen durch Mikroorganismen völlig ausschließt und in hohem Maße die Bedeutung störender Nebenreaktionen herabsetzt.

Doch ist auch diese Arbeitsmethode nicht absolut ideal zu nennen. In den infiltrierten Flüssigkeiten gelöste Stoffe werden den chemischen Einwirkungen der Zellen nicht im selben Augenblick zugänglich, in dem sie in die Interzellularen gelangen; es verläuft eine gewisse Zeit, bis die Zellen die betreffenden Stoffe aus der Lösung aufgenommen haben. Daß dieses aber recht schnell erfolgt, scheint mir offensichtlich. Die Eiweißsynthese verläuft nämlich in sehr ähnlicher Weise bei der Verwendung verschiedener N-Quellen, die chemisch gleichwertig sein dürften, deren Permeationsgeschwindigkeiten aber sehr verschieden sind; eine Erfahrung, die ich bereits in einer früheren Publikation[1] mitgeteilt habe.

Wahrscheinlich würde eine Bestimmung der Permeabilität der Blattparenchymzellen für verschiedene Stoffe nicht auf größere experimentelle Schwierigkeiten stoßen; nach Verlauf verschiedener Zeiten nach der Infiltration könnte man die Lösungen aus den Blättern durch Zentrifugieren austreiben; durch Analyse könnte dann festgestellt werden, wie groß der Teil des untersuchten Stoffes sei, der in den Lösungen noch vorhanden ist.

Eine Untersuchung dieser pflanzenphysiologisch überaus interessanten und für die vorliegende Arbeit wichtigen Umstände habe ich aus praktischen Gründen nicht ausführen können; das hiesige chemische Laboratorium verfügt nämlich über keine für derartige Untersuchungen brauchbare Zentrifuge.

Bemerkungen über das Unterbrechen enzymatischer Reaktionen in Blättern.

Bezüglich des Unterbrechens der Eiweißsynthese sei erwähnt, daß schon Erhitzen bei 130⁰ während 15 Minuten ein verwendbares Resultat ergab. Das Arbeiten bei höheren Temperaturen und kürzerer Zeit ergab aber sicherere Ergebnisse.

Beim Erhitzen sterben nämlich die Zellen; die infiltrierten Flüssigkeiten erweitern sich, ein kleiner Teil derselben tropft mit aus den Zellen gelösten Stoffen ab. Da die Eiweißstoffe bei der in Frage kommenden

---

[1] *Björkstén*, Mem. Soc. pro Fauna et Flora Fennica **6**, 5, 1929.

Temperatur koagulieren und deshalb auf diese Weise nicht in beträchtlicher Menge verlorengehen, die Gesamtquantität der Trockensubstanz aber sinkt, so werden hierdurch zu hohe prozentuale Eiweißwerte erhalten. Je höher die Temperatur des Trockenschrankes ist, um so schneller verdampft das Wasser und um so weniger Substanz geht in oben erwähnter Weise verloren.

Die ersten Proben jeder Versuchsserie enthalten immer am meisten unverdampfte Flüssigkeit in den Interzellularräumen; deshalb sind die Versuchsfehler bei den beiden ersten Probepaaren jeder Versuchsserie oft bedeutend größer als bei den späteren.

Beim Erhitzen im Trockenschrank werden immer zwei Proben gleichzeitig in den Schrank gebracht, sonst ist es nämlich schwierig, sämtliche Proben in genau derselben Weise zu erhitzen, was für die Vergleichbarkeit der Analysenwerte notwendig ist, wie auch aus nachstehendem Versuch hervorgeht.

Versuch 20.

Acht Proben von je 30 $\pm$ 1 g mit H_2O infiltrierten Blättern von grünen Weizenkeimpflanzen wurden in einen Trockenschrank von 210° gebracht und 12 Minuten erhitzt. Während dieser Zeit ging die Temperatur im Schrank auf 156° zurück. Der Eiweiß-N der Proben wurde in üblicher Weise bestimmt. Die Proben 1 und 8 waren an den Enden, die Proben 4 und 5 in der Mitte des Schrankes. Der Befund ergab:

Probe Nr.	mg Eiweiß-N pro g Trockensubstanz	Probe Nr.	mg Eiweiß-N pro g Trockensubstanz
1	53,2	5	48,9
2	54,0	6	53,3
3	53,1	7	53,0
4	52,4	8	53,2

Die Eiweißbildung darf nicht durch Eintauchen der Proben in siedendes Wasser oder in Salzlösungen abgebrochen werden; hierbei löst sich nämlich so viel Substanz aus den Blättern, daß die Eiweißwerte viel zu hoch werden.

Dasselbe ist der Fall beim Abbrechen der fraglichen Reaktion durch schnelles Erhitzen im Autoklaven.

Bemerkungen über die Methoden zur Eiweißbestimmung.

Die Zeit des Lufttrocknens sowie die hierbei verwendete Temperatur wirken auf die Ergebnisse nicht ein. Die bei dieser Operation entstandenen Ungleichmäßigkeiten werden beim Trocknen im Vakuumexsikkator ausgeglichen.

Es ist nicht möglich, die Präparate mit größerer Genauigkeit als $\pm$ 1 mg zu wägen, weil dieselben hygroskopisch sind, und während des Wägens an Gewicht zunehmen. Der beim Wägen entstandene Fehler von $\pm 0,11\%$ des Gesamtgewichts ist jedoch unbedeutend im Vergleich zum Fehler bei der Eiweißbestimmung.

Die Zeit des Digerierens im Wasserbad könnte in hohem Maße durch Schütteln abgekürzt werden. Ich hatte aber keinen Grund, die Digerierungszeit abzukürzen; ich wäge nämlich die Substanzen am Morgen, und die gewaschenen Eiweißfällungen trocknen über Nacht. Deshalb verwende ich für das Digerieren eine Zeitspanne, die meiner Erfahrung gemäß Fehler durch unvollständige Extraktion völlig ausschließt.

Für das Ausfällen der Eiweißstoffe wurden mehrere Methoden geprüft. Die Tanninausfällung, mit der *Mothes*[1], der mit annähernd gleichen Material arbeitete, befriedigende Ergebnisse erzielte, ergab bei Parallelbestimmungen mit meinem Material Werte, die mit 2% variierten. Auch *Gouwentaks* Versuche[2] weisen größere Variationen der Werte beim Ausfällen mit Tannin als mit Kupferhydroxyd auf. Die Ausfällung nach *Stutzer*[3], auch mittels *Fassbenders* Reagens[4], sowie die mit Uranylacetat nach *Sjerning*[5] ergeben etwa gleiche Resultate. Beim Arbeiten nach *Barnstein*[6] stellte ich fest, daß bei denjenigen Versuchen, in denen weniger Pflanzensubstanz als 1 g verwendet wurde, allzu große Eiweißwerte gefunden wurden, und umgekehrt. Der nachstehende Versuch zeigt, daß, je mehr $Cu(OH)_2$ verwendet wird, desto höhere Eiweißwerte erhalten werden.

Versuch 21.

Drei Portionen von je 1 g im Vakuumexsikkator aufbewahrten Pflanzenpulvers wurden im kochenden Wasserbad mit je 100 ccm Wasser digeriert. Nach fünf Stunden setzte ich je 10 ccm gesättigte $CuSO_4$-Lösung hinzu. Nach einer halben Stunde wurden die unten angegebenen NaOH-Mengen hinzugefügt, die Fällungen wurden abfiltriert und der in diesen befindliche Stickstoff nach *Kjeldahl* bestimmt.

Der Befund ergab:

1000 mg Pflanzenpulver $+$ 100 ccm H_2O $+$ 10 ccm gesättigte $CuSO_4$-Lösung

$+$	I	10 ccm	0,34 norm. NaOH	33,4	N in mg pro Gramm Trocken-
$+$	II	12 ,,	0,34 ,, ,,	33,83	substanz
$+$	III	15 ,,	0,34 ,, ,,	34,02	

Wenn man aber einen großen Überschuß an $CuSO_4$ und den Pflanzensubstanzmengen proportionale Mengen NaOH-Lösung geringer Konzentration verwendet, erzielt man nach dieser Methode,

[1] Planta **1**, 482, 1926.
[2] Dissertation Amsterdam 1929, S. 28.
[3] Journ. f. Landw. **28**, 103; **29**, 473, 1881; Ber. Chem. **19**, 185, 1886.
[4] Ber. Chem. **13**, 1821, 1880.
[5] Zeitschr. f. analyt. Chem. **39**, 633, 1900.
[6] Landw. Versuchsst. **54**, 327, 1900.

deren sich übrigens auch *Bach* und Mitarbeiter[1] bei ihren Arbeiten mit ähnlichen Substanzen bedienen, sehr befriedigende Resultate. Diese Methode hat vor *Stutzers* Methode den Vorzug, daß man mit haltbaren Lösungen arbeitet. Die mit $Cu(OH)_2$ in der einen oder anderen Weise erhaltenen Fällungen entfernt man leichter aus den Gefäßen, in denen sie erzeugt wurden, als die nach *Sjernings* Methode erhaltenen Fällungen. *Sjernings* Methode wird außerdem bedeutend teurer im Gebrauch.

Das Digerieren im Wasserbad wurde in denselben *Kjeldahl*-Kolben wie das Ausfällen ausgeführt, weil es bei dieser Arbeitsmethode nicht nötig ist, jede Spur der Fällungen aus den Kolben auf die Filter überzuführen.

Ich habe keine Versuche gemacht, um die möglichen Fehler bei den Bestimmungen des Eiweißgehaltes der infiltrierten Blätter zu ermitteln; die bei meinen Versuchen ausgeführten Parallelbestimmungen liefern genügend Material zur Beurteilung dieser Frage. Aus jenen Versuchen geht hervor, daß die Unterschiede zwischen Parallelbestimmungen bei dem ersten Versuchspaar (O-Bestimmung) nicht 0,8 mg, bei den übrigen nicht 0,6 mg übersteigen.

Bemerkungen über die Methoden zur Bestimmung von NH_3, $-ONH_2$, $-NH_2$ und CO_2.

Wie aus nachstehendem Versuch hervorgeht, muß bei den NH_3-Bestimmungen unbedingt mildes Alkali verwendet werden.

Versuch 22.

100 ccm Filtrat nach der Ausfällung der Eiweißstoffe wurden mit untenstehenden Alkalien versetzt, wonach das Ammoniak nach *Longi* bei 30^0 im Vakuum abdestilliert und bestimmt wurde. Bei sämtlichen Versuchen wurde dasselbe Filtrat verwendet. Der Befund ergab:

100 ccm Filtrat	+ 30 ccm	$Mg(OH)_2$	gesättigte Lösung	0,0	mg NH_3
100 ,, ,,	+ 30 ,,	,,	,, ,,	0,0 ,,	,,
100 ,, ,,	+ 20 ,,	$Ba(OH)_2$	,, ,,	2,03 ,,	,,
100 ,, ,,	+ 20 ,,	,,	,, ,,	1,98 ,,	,,
100 ,, ,,	+ 25 ,,	$Ca(OH)_2$	,, ,,	2,05 ,,	,,
100 ,, ,,	+ 25 ,,	,,	,, ,,	1,97 ,,	,,
100 ,, ,,	+ 3 ,,	NaOH	,, ,,	2,24 ,,	,,
100 ,, ,,	+ 3 ,,	,,	,, ,,	2,31 ,,	,,

Amido-N-Bestimmungen aus dem Rückstand nach den NH_3-Bestimmungen zeigten, daß das durch $Ca(OH)_2$ oder NaOH bei 30^0 abgespaltene NH_3 aus dem Amido-N stammte. Asparagin und Carbamid werden unter jenen Bedingungen nicht gespalten, wohl aber Arginin[2].

---

[1] *Bach* u. *Oparin*, diese Zeitschr. **134**, 183, 190, 1922; **148**, 476, 1924. *Bach, Oparin* u. *Wähner*, ebendaselbst **180**, 363, 1927.

[2] *Plimmer*, Bioch. Journ. **10**, 115, 1926.

Es ist denkbar, daß diejenige Amidoverbindung, die mit $Ca(OH)_2$ bei 30^0 NH_3 abspaltet, und die ja in beträchtlichen Quantitäten vorkommt, als Zwischenstufe bei der Eiweißsynthese eine Rolle spielt.

Folgender Versuch beweist, daß es bei den Amido-N-Bestimmungen nach *Sachse* gleichgültig ist, ob die Hydrolyse der Amidogruppen mit HCl bei 5-stündigem Erwärmen im kochenden Wasserbad oder bei $2^1/_2$-stündigem Kochen am Rückflußkühler erfolgt.

Versuch 23.

In vier Stück 750 ccm Jenaer Rundkolben wurden je 100 ccm Filtrat nach der Eiweißausfällung eingeführt und mit 15 ccm 38%iger HCl versetzt. Danach wurden zwei der vier Kolben am Rückflußkühler $2^1/_2$ Stunden gekocht, die übrigen zwei, wie oben (S. 12) beschrieben, fünf Stunden in siedendem Wasserbad erwärmt. Das durch Hydrolyse der Amidogruppen entstandene NH_3 wurde durch Destillation wie bei den *Kjeldahl*-Bestimmungen ermittelt. Der Befund ergab:

Unter Rückfluß $2^1/_2$ Stunden gekocht	I.	3,27 mg	Amido-N
	II.	3,23 ,,	,,
Im Wasserbad 5 Stunden erwärmt	I.	3,25 ,,	,,
	II.	3,26 ,,	,,

Bei den Amido-N-Bestimmungen ist die erste Dezimale vollkommen zuverlässig.

Der mögliche Fehler bei den Amino-N-Bestimmungen ist etwa 0,01 ccm N_2. Da ich jedoch mit kleinen Quantitäten stark verdünnter Lösungen arbeite, beträgt dieser Fehler etwa 5% des Aminostickstoffs.

In der Literatur warnt man[1] vor dem Verwenden von K_2SO_4, um die Verbrennung der organischen Stoffe bei N-Bestimmung nach *Kjeldahl* zu beschleunigen. Nach meiner Erfahrung stört ein solcher Zusatz nicht die Genauigkeit der Analysen.

Bei den CO_2-Bestimmungen verwende ich ziemlich große Substanzmengen, um die Fehler zu vermeiden, die durch die individuellen physiologischen Verschiedenheiten der einzelnen Blätter bedingt sind.

Die angegebene Wassermenge von 200 ccm genügt zum vollständigen Austreiben der CO_2 aus den Blättern; sie ist jedoch gering genug, um ein so schnelles Erhitzen zu gestatten, daß die während der Erwärmungszeit gesteigerte CO_2-Bildung nicht beachtet werden braucht.

Der mögliche Versuchsfehler, der sich hauptsächlich auf das Wägen der Blätter bezieht, beträgt bei 30 g Blättern etwa 1,7 %, kann aber durch Verwenden größerer Quantitäten erniedrigt werden. Es wird empfohlen, die Blätter vor dem Infiltrieren zu wägen.

Die meisten der oben angeführten CO_2-Bestimmungen führte Herr cand. chem. *Yrjö Ingman* für mich aus.

---

[1] *Gouwentak*, Dissertation Amsterdam 1929, S. 27.

Versuche zur Bestimmung der Verwertbarkeit verschiedener C-Quellen für die Eiweißsynthese.

Nach allen oben erwähnten Theorien über den Verlauf der Eiweißsynthese in Pflanzenorganismen sind dafür außer N-Quellen auch N-freie Stoffe als C-Quellen erforderlich.

Nach *Loew, Baudisch, Baly, Treub* und *Trier* sollten sich Formaldehyd oder daraus derivierende Verbindungen, nach *Löb* und *Huppert* CO_2, mit N-haltigen Stoffen zu Eiweißbausteinen kondensieren. Nach *Abderhalden* und *Schwab* könnten zyklische Verbindungen der Kohlenhydratserie die einfachsten bei der Bildung von N-haltigen Eiweißbausteinen teilnehmenden C-Quellen sein, nach *Erlenmeyer* und *Kunlin* wiederum Ketosäuren.

Frühere experimentelle Arbeiten.

Daß Zufuhr von Kohlenhydraten für die Eiweißsynthese unerläßlich ist, geht schon aus den Arbeiten von *Pfeffer*[1], *Borodin*[2], *Hansteen*[3] u. a. hervor. Aus den Arbeiten der erwähnten Forscher ist ersichtlich, daß Glucose und in mehreren Fällen auch Saccharose als C-Quelle bei der Eiweißsynthese dienen kann. Mehrere experimentelle Ergebnisse deuten darauf hin, daß Ketosäuren bei dem natürlichen Eiweißumsatz eine nicht zu unterschätzende Rolle spielen. *Neubauer* und *Frommherz* (l. c.) haben Ketosäuren als Zwischenprodukte bei der alkoholischen Gärung von Aminosäuren gefunden. *Knoop* (l. c.) hat bewiesen, daß Aminosäuren bei Zufuhr von Ketosäuren und Oxysäuren in Tierorganismen gebildet werden; ein Befund, der von *Embden* und seinen Mitarbeitern (l. c.) bestätigt und erweitert wurde. *Smirnow*[4] hat bewiesen, daß analoge Synthesen auch bei höheren Pflanzen möglich sind. Er fand, daß Äpfelsäure, die ja den von ihm nicht untersuchten Ketosäuren nahe steht, in den Pflanzenorganismen zu einer Bildung von Aminosäuren und Amiden Anlaß geben konnten. Dasselbe war auch der Fall mit Bernsteinsäure, doch verlief die Synthese aus diesem Stoffe bedeutend langsamer.

Bei den oben erwähnten Versuchen mit Pflanzen wurden die betreffenden Stoffe durch die Wurzeln zugeführt. Eine Ausnahme macht nur eine Arbeit von *Hansteen* (l. c.), in der die Lösungen der zu untersuchenden Stoffe in die Stengel der Versuchspflanzen mittels eines Apparates unter Druck injiziert wurden. Bei allen diesen Versuchen haben aber die betreffenden Stoffe tagelang auf die Pflanzen eingewirkt; demgemäß weiß man nicht immer mit Sicherheit, ob sie die Blätter, in denen die Synthese sich hauptsächlich abspielt, unzersetzt erreichten und in welchem Maße sie durch andere Reaktionen als die Eiweißsynthese verbraucht wurden.

Orientierende Versuche.

Bei den Versuchen, die ich gemacht habe, um unsere Kenntnisse über die diesbezüglichen Verhältnisse zu erweitern, bediente ich mich

---

[1] Jahrb. wiss. Bot. **8**, 557, 1872.
[2] Bot. Ztg. **36**, 829, 1878.
[3] Jahrb. wiss. Bot. **33**, 417, 1899.
[4] Diese Zeitschr. **137**, 1, 1923.

der Vakuuminfiltrationsmethode. Die Versuche dauerten höchstens
6 Stunden. Als Versuchspaar wurden immer zwei Lösungen: 1. N-haltiger
Stoff, 2. derselbe + C-Quelle, miteinander bezüglich der Eiweißbildung
verglichen.

Als N-Quelle wurde meistens Carbamid verwendet, das N in für
die Pflanzen leicht zugänglicher Form enthält. Daß der Unterschied
im osmotischen Druck zwischen den beiden Lösungen keine Rolle spielt,
geht aus den Versuchen 13 bis 16, S. 20 hervor.

Um festzustellen, ob es durch die beschriebene Methodik möglich
sei, Unterschiede zwischen der Verwertbarkeit verschiedener C-Quellen
zu finden, wurden folgende orientierende Versuche gemacht.

Versuch 24.

Material: Etiolierte Keimpflanzen.

Infiltriert mit	mg Eiweiß-N pro g Trockensubstanz nach	
	0 Std.	6 Std
0,01 mol. $CO(NH_2)_2$	44,8	45,2
+ 0,0033 mol. Glucose . .	45,1	47,2

Versuch 25.

Material: Etiolierte Keimpflanzen.

Infiltriert mit	mg Eiweiß-N pro g Trockensubstanz nach	
	0 Std.	6 Std.
0,01 mol. $CO(NH_2)_2$	45; 45,4	46; 45,8
+ 0,0033 mol. Glucose		50,2; 50,4
+ 0,0049 „ „		48,9
+ 0,0066 „ „		48,5
+ 0,007 „ $CH_3.CO.COONa$		50,3; 49,8
+ 0,008 „ $C_3H_5(OH)_3$ . . .		45,6; 45,8

Versuch 26.

Material: Etiolierte Keimpflanzen.

Infiltriert mit	mg Eiweiß-N pro g Trockensubstanz nach	
	0 Std.	6 Std.
0,01 mol. $CO(NH_2)_2$	44,0	47,2
+ 0,0049 mol. Glucose		52,1
+ 0,007 „ Lävulinsäure . .		45,6
+ 0,005 „ Laktose		47,3

Diese Versuche geben bereits eine recht deutliche Klärung der
Verhältnisse. Bei der Zufuhr geeigneter C-Quellen geht die Eiweiß-

synthese glatt von statten. Von den in diesen Versuchen als C-Quelle verwendeten Stoffen scheinen nur Glucose und Brenztraubensäure verwertbar zu sein. Um die optimale Konzentration dieser C-Quellen zu ermitteln, wurden folgende Versuche ausgeführt:

Versuch 27.

Material: Etiolierte Weizenkeimpflanzen.

Infiltriert mit	mg Eiweiß-N pro g Trockensubstanz nach	
	0 Std.	5 Std
$0{,}015$ mol. $CO(NH_2)_2 + 0{,}003$ mol. Glucose . . .	35,6	36,4
$+ 0{,}0045$ „ „	35,3	37,5
$+ 0{,}006$ „ „		37,4
$+ 0{,}01$ „ „		37,1

Versuch 28.

Material: Etiolierte Weizenkeimpflanzen.

Infiltriert mit	mg Eiweiß-N pro g Trockensubstanz nach	
	0 Std.	5 Std.
$0{,}015$ mol. $CO(NH_2)_2 + 0{,}006$ mol. $CH_3.CO.COONa$	36,3	37,4
$+ 0{,}0072$ „ $CH_3.CO.COONa$	35,7	38,0
$+ 0{,}0105$ „ $CH_3.CO.COONa$		37,8
$+ 0{,}012$ „ $CH_3.CO.COONa$		37,9

Versuch 29.

Material: Etiolierte Weizenkeimpflanzen.

Infiltriert mit	mg Eiweiß-N pro g Trockensubstanz nach	
	0 Std.	5 Std.
$0{,}015$ mol. $(NH_4)_2 CO_3 + 0{,}002$ mol. Glucose . . .	33,3	35,2
$+ 0{,}005$ „ „	33,9	35,7
$+ 0{,}005$ „ „		35,4
. . . .		33,2

Da der Versuchsfehler bei Eiweißbestimmungen ziemlich groß ist und es nicht möglich ist, aus einer einzigen Bestimmung sichere Schlüsse zu ziehen, wurden bei den weiteren Untersuchungen Kettenbestimmungen derart ausgeführt, wie ich es oben (S. 10) beschrieben habe.

Versuche mit einfachen aliphatischen Carbonsäuren.

Keine der untersuchten einfachen aliphatischen Carbonsäuren: Propionsäure, Oxal-, Glutar-, Bernstein-, Adipin- und Fumarsäure wurde von meinen Versuchspflanzen als C-Quelle für die Eiweißsynthese verwertet.

Versuch 30.

Material: Etiolierte Keimpflanzen.

Infiltriert mit I. 0,01 mol. $CO(NH_2)_2$; p_H: 6,2.

II. 0,01 mol. $CO(NH_2)_2$ + 0,0067 mol. $CH_3 . CH_2 . COOK$; p_H: 6,0.

	mg Eiweiß-N pro g Trockensubstanz nach					
	9 Min.	1 Std.	3 Std.	4 Std.	5 Std.	6 Std.
I.	45,3	44,9	45,1	45,4	45,1	44,9
II.	45,2	45,1	45,2	45,3	44,8	45,1
Differenz . . .	+ 0,1	— 0,2	— 0,1	+ 0,1	+ 0,3	— 0,2

Versuch 31.

Material: Etiolierte Weizenkeimpflanzen.

Infiltriert mit I. 0,01 mol. $CO(NH_2)_2$; p_H: 6,0

II. 0,01 mol. $CO(NH_2)_2$ + 0,015 mol. $(COOK)_2$; p_H: 6,2.

	mg Eiweiß-N pro g Trockensubstanz nach					
	9 Min.	1 Std.	3 Std.	4 Std.	5 Std.	6 Std.
I.	44,0	43,2	43,9	44,2	44,0	44,1
II.	43,7	43,5	44,0	44,2	43,7	44,0
Differenz . . .	+ 0,3	— 0,3	— 0,1	± 0,0	+ 0,3	+ 0,1

Versuch 32.

Material: Etiolierte Weizenkeimpflanzen.

Infiltriert mit I. 0,01 mol. $CO(NH_2)_2$; p_H: 6,0.

II. 0,01 mol. $CO(NH_2)_2$ + 0,0061 mol. $CH_2\begin{smallmatrix}\diagup COOK\\\diagdown COOK\end{smallmatrix}$; p_H: 6,1.

	mg Eiweiß-N pro g Trockensubstanz nach					
	8 Min.	1 Std.	3 Std.	4 Std.	5 Std.	6 Std.
I.	45,1	45,0	45,3	44,7	45,0	44,6
II.	44,8	44,6	45,3	45,1	45,2	44,8
Differenz . . .	+ 0,3	+ 0,4	± 0,0	— 0,4	— 0,2	— 0,2

Versuch 33.

Material: Etiolierte Weizenkeimpflanzen.

Infiltriert mit I. 0,01 mol. $CO(NH_2)_2$; p_H: 5,8.

II. 0,01 mol. $CO(NH_2)_2$ + 0,005 mol. $(CH_2 . COOK)_2$; p_H: 6,0.

	mg Eiweiß-N pro g Trockensubstanz nach					
	9 Min.	1 Std.	3 Std.	4 Std.	5 Std.	6 Std.
I.	44,7	44,4	45,2	45,3	45,0	44,6
II.	44,3	44,3	44,8	44,6	45,0	44,9
Differenz . . .	+ 0,4	+ 0,1	+ 0,4	+ 0,7	± 0,0	— 0,3

Versuch 34.

Material: Etiolierte Weizenkeimpflanzen.

Infiltriert mit   I.   0,01 mol. $CO(NH_2)_2$; p_H: 5,9.

II.   0,01 mol. $CO(NH_2)_2$ + 0,004 mol. $\begin{matrix} CH_2.COOK \\ | \\ CH_2 \\ | \\ CH_2.COOK \end{matrix}$ p_H: 6,0.

	mg Eiweiß-N pro g Trockensubstanz nach					
	8 Min.	1 Std.	3 Std.	4 Std.	5 Std.	6 Std.
I.	38,1	38,0	38,5	38,3	38,3	37,9
II.	37,8	38,1	38,6	38,5	38,2	37,6
Differenz . . .	+ 0,3	− 0,1	− 0,1	− 0,2	+ 0,1	+ 0,3

Das negative Ergebnis der Versuche mit einfachen aliphatischen Carbonsäuren war durchaus nicht unerwartet. Bei *Smirnows* Versuchen mit tagelanger Versuchsdauer wurde ja die Bernsteinsäure bedeutend langsamer als Äpfelsäure verwertet. Ich untersuchte Fumarsäure, weil es mir möglich schien, daß Doppelbindungen verschiedene Kondensationsvorgänge erleichtern könnten. Als Vertreter der ungesättigten Säuren wählte ich gerade diese Säure; weil sie in Pflanzen häufig nachgewiesen[1] und weil sie zugleich auch vergärbar ist[2].

Versuch 35.

Material: Etiolierte Weizenkeimpflanzen.

Infiltriert mit   I.   0,01 mol. $CO(NH_2)_2$; p_H: 6,1.

II.   0,01 mol. $CO(NH_2)_2$ + 0,008 mol. $\begin{matrix} KOOC.C.H \\ \| \\ H.C.COOK \end{matrix}$
p_H: 6,3

	mg Eiweiß-N pro g Trockensubstanz nach					
	8 Min.	1 Std.	3 Std.	4 Std.	5 Std.	6 Std.
I.	43,6	43,4	43,8	43,9	43,4	43,6
II.	43,2	43,4	43,3	44,0	43,6	43,4
Differenz . . .	+ 0,4	± 0,0	− 0,5	− 0,1	− 0,2	+ 0,2

Versuche mit Oxysäuren.

Keine der untersuchten Oxycarbonsäuren: Glykolsäure, Milchsäure, Äpfelsäure und Citronensäure ließ sich von meinen Versuchspflanzen

---

[1] *Czapek*, Biochemie d. Pfl., Bd. III, S. 88. Jena 1925. Vgl. auch *H.* u. *A. v. Euler*, Arkiv. f. Kemi **1**, 365, 1904. *Goldschmidt*, Monatsh. Chem. **22**, 698, 1901. *v. Hallie* u. *Steenbauer*, Pharm. Weekblad. **63**, 4, 1926. *Butkewitsch*, diese Zeitschr. **182**, 99, 1927. *E. K. Nelson*, Journ. Amer. Chem. Soc. **50**, 2006, 1928.

[2] *Buchner*, Ber. Chem. **25**, 1161, 1892, u. a.

als C-Quelle für die Eiweißsynthese gut verwerten. Bei Glykolsäure wurde eine, wenn auch ganz unbedeutende Synthese wahrgenommen.

Versuch 36.

Material: Etiolierte Weizenkeimpflanzen.

Infiltriert mit I. 0,01 mol. $CO(NH_2)_2$; p_H: 6,5.

II. 0,01 mol. $CO(NH_2)_2 + 0,015$ mol. $CH_2 . OH . COONa$; p_H: 6,7.

	mg Eiweiß-N pro g Trockensubstanz nach					
	7 Min.	1 Std.	3 Std.	4 Std.	5 Std.	6 Std.
I.	32,2	32,3	33,2	33,0	33,6	33,5
II.	32,4	32,6	33,2	33,0	34,2	34,4
Differenz . . .	— 0,2	— 0,3	± 0,0	± 0,0	— 0,6	— 0,9

Versuch 37.

Material: Etiolierte Weizenkeimpflanzen.

Infiltriert mit I. 0,01 mol. $CO(NH_2)_2$; p_H: 6,6.

II. 0,01 mol. $CO(NH_2)_2 + 0,015$ mol. $CH_2 . OH . COONa$; p_H: 6,7.

	mg Eiweiß-N pro g Trockensubstanz nach					
	8 Min.	1 Std.	3 Std.	3 Std. 45 Min.	5 Std.	6 Std
I.	34,8	34,6	—	35,2	35,6	35,2
II.	34,7	35,1	34,7	35,7	36,3	35,5
Differenz . .	+ 0,1	— 0,5	—	— 0,5	— 0,7	— 0,3

Versuch 38.

Material: Etiolierte Weizenkeimpflanzen.

Infiltriert mit I. 0,02 mol. $C_2H_5 . NH_2 + HCl$; p_H: 7.

II. 0,02 mol. $C_2H_5 . NH_2 + CH_2 . OH . COOH$; p_H: 7.

	mg Eiweiß-N pro g Trockensubstanz nach						
	9 Min.	1 Std.	3 Std.	4 Std.	5 Std.	5 Std. 36 Min.	6 Std.
I.	41,4	41,8	41,4	42,2	41,4	41,4	41,6
II.	41,6	41,8	42,0	42,3	41,8	42,0	42,1
Differenz . . .	— 0,2	± 0,0	— 0,6	— 0,1	— 0,4	— 0,6	— 0,5

Versuch 39.

Material: Etiolierte Weizenkeimpflanzen.

Infiltriert mit I. 0,01 mol. $CO(NH_2)_2$; p_H: 6,0.

II. 0,01 mol. $CO(NH_2)_2 + 0,01$ mol. $CH_3 . CHOH . COONa$; p_H: 6,1.

	mg Eiweiß-N pro g Trockensubstanz nach				
	9 Min.	1 Std.	4 Std.	5 Std.	6 Std.
I.	36,6	36,1	36,5	36,8	36,6
II.	—	—	36,6	36,8	36,6
Differenz . . .	—	—	— 0,1	± 0,0	± 0,0

Versuch 40.

Material: Etiolierte Weizenkeimpflanzen.

Infiltriert mit I. 0,01 mol. $CO(NH_2)_2$; p_H: 7,0.

II. 0,01 mol. $CO(NH_2)_2$ + 0,008 mol. $CHOH . COOK$;
$$CH_2 . COOK$$
p_H: 7,0.

	mg Eiweiß-N pro g Trockensubstanz nach					
	9 Min.	1 Std.	3 Std.	4 Std.	5 Std.	6 Std.
I.	39,1	38,9	38,6	39,3	38,6	38,6
II.	38,4	38,5	38,8	38,8	39,1; 38,8	38,2; 38,4
Differenz . .	+ 0,7	+ 0,4	− 0,2	+ 0,5	− 0,35	+ 0,3

Versuch 41.

Material: Etiolierte Weizenkeimpflanzen.

Infiltriert mit I. 0,01 mol. $CO(NH_2)_2$ + 0,009 mol. $CH_3 . CO . COONa$;
p_H: 7,2.

II. 0,01 mol. $CO(NH_2)_2$ + 0,008 mol. $CHOH . COONa$;
$$CH_2 . COONa$$
p_H: 7,0.

	mg Eiweiß-N pro g Trockensubstanz nach				
	9 Min.	1 Std.	3 Std.	5 Std.	6 Std.
I.	40,8	41,3	42,7	42,9	42,7
II.	40,8	41,0	42,3	42,1	41,3
Differenz . .	± 0,0	+ 0,3	+ 0,4	+ 0,8	+ 1,4

Versuch 42.

Material: Etiolierte Weizenkeimpflanzen.

Infiltriert mit I. 0,01 mol. $CO(NH_2)_2$; p_H: 6,5.

II. 0,01 mol. $CO(NH_2)_2$ + 0,005 mol. citronensaures Natrium. p_H: 6.3.

	mg Eiweiß-N pro g Trockensubstanz nach					
	8 Min.	1 Std.	3 Std.	4 Std.	5 Std.	6 Std.
I.	39,1	39,3	39,5	39,8	39,4	39,6
II.	39.4	39,2	39.7	39,4	39,5	39,5
Differenz . .	− 0,3	+ 0,1	− 0,2	+ 0,4	−0,1	+ 0,1

Die Tatsache, daß ich mit Oxysäuren keine deutlich positiven Ergebnisse erzielte, während *Smirnow*[1] mit Äpfelsäure deutlich positive Resultate erhielt, beweist, daß es dank der kurzen Versuchszeit beim

---

[1] Diese Zeitschr. 137, 21, 1923.

Arbeiten nach meiner Methodik möglich ist, Unterschiede in der Verwertbarkeit zu konstatieren, die mittels der früher verwendeten Methodik sich selbst von einem vorzüglichen Experimentator nicht erweisen ließen.

Der Versuch mit Glykolsäure wurde mehrmals wiederholt; es schien mir nämlich besonders wichtig, mit diesem Stoffe zu einem einwandfreien Ergebnis zu kommen, da sie nach *Triers* Hypothese bei der Eiweißsynthese der Pflanzen diejenige C-Quelle ist, die durch Vereinigung mit Ammoniak Aminosäuren gibt. Auch war das Verhalten dieses Stoffes wegen seines häufigen Vorkommens in Pflanzenorganismen[1] interessant.

Es hat den Anschein, als ob eine Eiweißsynthese tatsächlich bei Verwendung von Glykolsäure als C-Quelle stattfindet, wenn auch diese so gering ist, daß sie die Grenzen der möglichen Fehler bei den Bestimmungen berührt. Aller Wahrscheinlichkeit nach geht die Glykolsäure in irgendeine andere Verbindung über, die sich für die Synthese verwerten läßt; dieser Prozeß findet jedoch so langsam statt, daß nur kleine Mengen der anderen, verwertbaren Verbindung innerhalb der Versuchszeit entstehen.

Daß Äpfelsäure sich nicht verwerten läßt, ist ebenfalls interessant wegen der nahen Beziehungen dieser Säure zu dem im Pflanzenreich so häufig vorkommenden Asparagin.

Versuche mit Ketosäuren.

Glyoxylsäure, Brenztraubensäure, Propionylameisensäure und Lävulinsäure wurden untersucht. Brenztraubensäure wird von meinen Versuchspflanzen als C-Quelle für die Eiweißsynthese sehr gut verwertet, die übrigen von mir untersuchten Ketosäuren nicht.

Versuch 43.

Material: Etiolierte Weizenkeimpflanzen.

Infiltriert mit I. 0,01 mol. $CO(NH_2)_2$; p_H: 7,0.

II. 0,01 mol. $CO(NH_2)_2$ + 0,0075 mol. $(CHO \cdot COO)_2Mg$; p_H: 7,0.

	mg Eiweiß-N pro g Trockensubstanz nach					
	9 Min.	1 Std.	3 Std.	4 Std.	5 Std.	5 Std. 45 Min.
I.	39,6	39,3	38,6	39,5	41,0	40,6
II.	39,4	39,1	39,0	40,2	40,2	40,4
Differenz . .	+ 0,2	+ 0,2	— 0,4	— 0,7	+ 0,8	+ 0,2

[1] *Czapek*, Biochemie der Pflanzen, S. 92. Jena 1925. Vgl. auch *A. Buisine, R. Buisine*, Compt. rend. **107**, 789, 1888.

Versuch 44.

Material: Etiolierte Weizenkeimpflanzen.

Infiltriert mit I. 0,01 mol. $CO(NH_2)_2$; p_H: 7,0.

              II. 0,01 mol. $CO(NH_2)_2$ + 0,0075 mol. $(CHO . COO)_2Mg$; p_H: 7,0.

	mg Eiweiß-N pro g Trockensubstanz nach					
	9 Min.	1 Std.	3 Std.	4 Std.	5 Std.	5 Std. 19 Min.
I.	42,0	42,2	41,6	42,3	42,4	42,1
II.	42,1	42,6	42,2	42,2	42,4	42,0
Differenz . .	— 0,1	— 0,4	— 0,6	+ 0,1	± 0,0	+ 0,1

Versuch 45.

Material: Etiolierte Weizenkeimpflanzen.

Infiltriert mit I. 0,01 mol. $CO(NH_2)_2$; p_H: 7,0.

              II. 0,01 mol. $CO(NH_2)_2$ + 0,009 mol. $CH_3 . CO . COONa$; p_H: 7,0.

	mg Eiweiß-N pro g Trockensubstanz nach					
	9 Min.	1 Std.	4 Std.	4 Std. 30 Min.	5 Std. 40 Min.	6 Std.
I.	36,2	36,4	36,4	36,9	36,1	36,4
II.	—	36,2	38,4	38,9	37,4	37,6
Differenz . .	—	+ 0,2	— 2,0	— 2,0	— 1,3	— 1,2

Versuch 46.

Material: Etiolierte Weizenkeimpflanzen.

Infiltriert mit I. 0,01 mol. $CO(NH_2)_2$ + 0,01 mol. $CH_3 . CO . COONa$; p_H: 5,9.

              II. 0,01 mol. $CO(NH_2)_2$ + 0,0075 mol. $CH_3 . CH_2 . CO . COONa$; p_H: 6,1.

	mg Eiweiß-N pro g Trockensubstanz nach					
	10 Min.	1 Std.	3 Std.	4 Std.	4 Std. 45 Min.	5 Std. 15 Min.
I.	41,7	41,2	40,4	—	42,8	44,7
II.	41,2	41,7	40,8	42,2	41,3	40,6
Differenz . .	+ 0,5	— 0,5	— 0,4	—	+ 1,5	+ 4,1

Versuch 47.

Material: Etiolierte Weizenkeimpflanzen.

Infiltriert mit I. 0,01 mol. $CO(NH_2)_2$; p_H: 6,05.
II. 0,01 mol. $CO(NH_2)_2$ + 0,012 mol. $CH_3 . CH_2 . CO . COOK$; p_H: 6,05.

	mg Eiweiß-N pro g Trockensubstanz nach				
	9 Min.	3 Std. 15 Min.	4 Std. 14 Min.	5 Std.	6 Std.
I.	42,7	42,3	42,8	41,9	42,3
II.	42,5	42,2	41,7	41,8	42,2
Differenz . .	+ 0,2	+ 0,1	+ 1,1	+ 0,1	+ 0,1

Daß die Brenztraubensäure für die Eiweißsynthese glatt verwertet wird, aber nicht ihre Homologen, ist vielleicht als das wichtigste Ergebnis der vorliegenden Arbeit zu bezeichnen. Ich komme auf die Deutung dieses Befundes auf S. 75 zurück.

Versuch 48.

Material: Etiolierte Weizenkeimpflanzen.

Infiltriert mit I. 0,01 mol. $CO(NH_2)_2$; p_H: 6,0.
II. 0,01 mol. $CO(NH_2)_2$ + 0,01 mol.
$CH_3 . CO . CH_2 . CH_2 . COONa$; p_H: 6,1.

	mg Eiweiß-N pro g Trockensubstanz nach				
	9 Min.	1 Std.	3 Std.	4 Std.	5 Std.	6 Std.
I.	36,3	36,0	36,7	36,8	36,3	36,5
II.	36,0	35,8	36,5	36,7	36,4	36,4
Differenz . .	+ 0,3	+ 0,2	+ 0,2	+ 0,1	— 0,1	+ 0,1

Versuche mit Aldehyden.

Formaldehyd, Acetaldehyd und Glycerose, ein durch Oxydation von Glycerin erhaltenes Gemisch von Glycerinaldehyd und Dioxyaceton[1], werden als C-Quellen für die Eiweißsynthese von meinen Versuchspflanzen nicht verwertet.

Die experimentelle Untersuchung der Aldehyde stößt auf Schwierigkeiten, weil die niederen Aldehyde recht giftig sind. *Treboux* gibt an, daß $H . CHO$ in Konzentrationen größer als 0,0005 % für die Pflanzen giftig sei; nach *Sabalitschka* und *Weidling*[2] duldet Elodea canadensis gut 0,032 % $H . CHO$ oder $CH_3 . CHO$. *Bokorny*[3] hat bei seinen ernährungschemischen Arbeiten mit Spirogyra und Phaseolus multi-

---

[1] *Fischer* u. *Tafel*, Ber. Chem. **21**, 2636, 1888.
[2] Diese Zeitschr. **176**, 210, 1926.
[3] Arch. f. Anat. u. Phys. 1916, S. 281.

florus 0,001 % H . CHO-Lösung verwendet.   Phaseolus multiflorus
gedeiht nach ihm in 0,1 % CH_3 . CHO.

Um festzustellen, ob eine mit 0,032 % Acetaldehyd C-äquivalente
Glucoselösung bei etiolierten Weizenkeimpflanzen eine Eiweißsynthese
hervorrufen würde, führte ich folgenden Versuch aus:

Versuch 49.

Material: Etiolierte Weizenkeimpflanzen.

Infiltriert mit   I.   0,01 mol. $CO(NH_2)_2$; p_H: 6,0.

II.   0,01 mol. $CO(NH_2)_2$ + mit 0,032% CH_3CHO C-äquivalente Menge Glucose (0,0024 mol.); p_H: 6,1.

	mg Eiweiß-N pro g Trockensubstanz nach					
	9 Min.	1 Std.	3 Std.	4 Std.	5 Std.	6 Std.
I.	35,3	35,1	35,6	36,1	35,7	35,0
II.	35,0	35,0	35,4	36,8	36,8	36,5
Differenz . .	+ 0,3	+ 0,1	+ 0,2	— 0,7	— 1,1	— 1,5

Da aus dem obigen Versuch hervorgeht, daß die verwendete Menge
der C-Quelle genügt, um die Eiweißsynthese in eindeutig nachweisbarer Weise zu beeinflussen, setzte ich die Untersuchung mit dieser
Konzentration fort.   Der Zweck des folgenden Versuchs besteht darin,
festzustellen, ob die von *Sabalitschka* und *Weidling* (l. c.) als unschädlich
gefundene Konzentration an Acetaldehyd die Eiweißsynthese bei Zufuhr
genügender Mengen anderer C-Quellen in irgendeiner Weise beeinflußt.

Versuch 50.

Material: Etiolierte Weizenkeimpflanzen.

Infiltriert mit   I.   0,01 mol. $CO(NH_2)_2$ + 0,006 mol. Glucose; p_H: 6,2.

II.   0,01 mol. $CO(NH_2)_2$ + 0,006 mol. Glucose + 0,0072 mol.
CH_3 . CHO; p_H: 6,1.

	mg Eiweiß-N pro g Trockensubstanz nach					
	9 Min.	1 Std.	3 Std.	5 Std.	5 Std. 30 Min.	6 Std.
I.	39,4	39,3	40,7	40,3	40,4	40,6
II.	38,9	39,0	40,5	—	40,7	40,6
Differenz . .	+ 0,5	+ 0,3	+ 0,2	—	— 0,3	± 0,0

Aus diesem Versuch geht hervor, daß die verwendete Aldehydkonzentration keine bemerkbare Giftwirkung ausübt.

Nach diesen vorbereitenden Versuchen untersuchte ich, ob die
fraglichen Aldehyde als C-Quellen bei der pflanzlichen Eiweißsynthese
sich verwerten ließen.

Versuch 51.

Material: Etiolierte Weizenkeimpflanzen.

Infiltriert mit I. 0,01 mol. $CO(NH_2)_2$; p_H: 6,4.

II. 0,01 mol. $CO(NH_2)_2$ + 0,0073 mol. $CH_3 . CHO$; p_H: 6,6.

	mg Eiweiß-N pro g Trockensubstanz nach						
	15 Min.	1 Std.	3 Std.	4 Std.	5 Std.	5 Std. 26 Min.	6 Std.
I.	37,8	38,2	37,4	38,0	38,5	39,0	39,0
II.	38,2	38,0	—	37,6	—	38,6	39,2
Differenz . .	— 0,4	+ 0,2	—	+ 0,4	—	+ 0,4	— 0,2

Weil nach *Baudischs* Hypothese (S. 5) Belichtung von wesentlicher Bedeutung für die Verwertbarkeit des Acetaldehyds als C-Quelle bei der Eiweißsynthese höherer Pflanzen sein könnte, wurde dieser Stoff auch bei Licht untersucht.

Versuch 52.

Material: Grüne Weizenkeimpflanzen, die letzten 48 Stunden *im Dunkeln.*

Infiltriert mit I. 0,02 mol. KNO_2; p_H: 6,0; *im direkten Sonnenschein.*
$T = 21^0$.

II. 0,02 mol. KNO_2 + 0,008 mol. $CH_3 . CHO$; p_H: 6,0.

	mg Eiweiß-N pro g Trockensubstanz nach				
	8 Min.	1 Std.	4 Std.	5 Std.	6 Std.
I.	40,5	40,3	40,2	39,8	40,3
II.	40,0	40,4	39,9	39,9	40,5
Differenz . .	+ 0,5	— 0,1	+ 0,3	— 0,1	— 0,2

Dann wurde untersucht, ob Acetaldehydammoniak sich bei Abwesenheit anderer C-Quellen von etiolierten Pflanzen verwerten ließ. Aus den Versuchen 97 und 98, S. 54 geht hervor, daß dieser Stoff bei Anwesenheit anderer C-Quellen sich von meinen Versuchspflanzen sehr gut verwerten läßt.

Versuch 53.

Material: Etiolierte Weizenkeimpflanzen.

Infiltriert mit I. 0,01 mol. $(NH_4)_2 SO_4$; p_H: 7,0.

II. 0,02 mol. Acetaldehydammoniak; p_H: 8,7.

	mg Eiweiß-N pro g Trockensubstanz nach					
	7 Min.	1 Std.	3 Std.	4 Std.	5 Std.	6 Std.
I.	33,3	33,0	34,0	33,5	33,0	33,4
II.	34,0	33,5	33,4	33,8	33,3	33,6
Differenz . .	— 0,7	— 0,5	+ 0,6	— 0,3	— 0,3	— 0,2

Versuch 54.

Material: Etiolierte Weizenkeimpflanzen.

Infiltriert mit I.   0,01 mol. $CO(NH_2)_2$; p_H: 5,8.

II.   0,01 mol. $CO(NH_2)_2$ + 0,015 mol. $H . CHO$; p_H: 5,7.

	mg Eiweiß-N pro g Trockensubstanz nach					
	11 Min.	1 Std.	3 Std.	4 Std.	5 Std.	6 Std.
I.	38,9	38,7	38,5	39,2	39,0	38,6
II.	38,3	38,7	38,8	39,0	38,9	38,8
Differenz . .	+ 0,6	± 0,0	— 0,3	+ 0,2	+ 0,1	— 0,2

Versuch 55.

Material: Etiolierte Weizenkeimpflanzen.

Infiltriert mit I.   0,01 mol. $CO(NH_2)_2$; p_H: 6,0.

II.   0,01 mol. $CO(NH_2)_2$ + 0,09 mol. Glycerose; p_H: 6,0.

	mg Eiweiß-N pro g Trockensubstanz nach				
	7 Min.	1 Std.	4 Std.	5 Std. 5 Min.	5 Std. 45 Min.
I.	38,2	38,0	38,6	39,1	39,2
II.	37,6	37,6	39,4	40,1	39,7
Differenz . .	+ 0,6	+ 0,4	— 0,8	— 1,0	— 0,5

Versuch 56.

Material: Etiolierte Weizenkeimpflanzen.

Infiltriert mit I.   0,01 mol. $CO(NH_2)_2$; p_H: 6,2.

II.   0,01 mol. $CO(NH_2)_2$ + 0,01 mol. Glycerose; p_H: 6,1.

	mg Eiweiß-N pro g Trockensubstanz nach				
	9 Min.	4 Std.	4 Std. 30 Min.	5 Std.	5 Std. 30 Min.
I.	38,5	39,2	3',3	38,6	38,3
II.	38,9	—	39,6	39,2	38,5
Differenz . .	— 0,4	—	— 0,3	— 0,6	— 0,2

Der Nachweis, daß Aldehyde nicht für die Eiweißsynthese direkt verwertet werden, ist von besonders großer Bedeutung. Diese Stoffe wären ja nach den Ansichten *Treubs, Baudischs, Balys* und *Hudsons* als die einfachsten direkten C-Quellen der Eiweißsynthese zu betrachten. Daß von Giftwirkungen bei meinen Versuchen keine Rede sein kann, dürfte aus dem Versuch 50, S. 38 hervorgehen. Man könnte jedoch annehmen, daß eine große, auf einmal zugeführte Aldehydkonzentration in anderer Weise von der Pflanze verwertet würde als eine kleine, die konsumiert werden kann in dem Maße, wie sie entsteht. Es wäre also denkbar, daß die Brenztraubensäure durch die Tätigkeit der in höheren

Pflanzen vorhandenen[1] Carboxylase allmählich zu Acetaldehyd decarboxyliert würde, und daß dieser allmählich entstehende Aldehyd die wahre C-Quelle der Eiweißsynthese wäre. Um dies zu untersuchen, wurde folgender Versuch ausgeführt:

Versuch 57.

Material: Etiolierte Weizenkeimpflanzen.

Infiltriert mit I. 0,035% $CH_3 . CHO$; p_H: 6,0.
II. 0,006 mol. $CH_3 . CO . COOK$; p_H: 6,0.

	Nach 0 Std.		Nach 5 Std.	
	mg Eiweiß-N	mg CO_2	mg Eiweiß-N	mg CO_2
I.	35,2	10,6	36,1	21,8
II.	35,6		37,8	22,0

Aus dem Versuch ist ersichtlich, daß die CO_2-Entwicklung der mit Brenztraubensäure infiltrierten Blätter innerhalb der Versuchsfehler nicht größer als der mit Acetaldehyd infiltrierten ist.

Versuche mit verschiedenen Zuckerarten und verwandten Alkoholen.

Glucose, Galaktose, Lactose, Saccharose, Mannit und Erythrit wurden auf ihre Verwertbarkeit als C-Quellen für die Eiweißsynthese bei Weizenkeimpflanzen geprüft. Nur mit Glucose fiel der Versuch positiv aus.

Die Versuche mit Zuckerarten haben verhältnismäßig wenig Interesse für das Studium des Verlaufs der natürlichen Eiweißsynthese. Es ist ja durchaus anzunehmen, daß die Zuckerarten in Verbindungen von kleinerem Molekulargewicht zerfallen, bevor sie für die fragliche Synthese verwertet werden können. Selbst wenn die Hypothesen *Loews* oder *Abderhaldens* stimmten, wenn Zuckerarten die einfachsten an der Eiweißbildung teilnehmenden Stoffe wären, müßten doch solche ganz bestimmter Struktur in Frage kommen; die übrigen müßten über einfachere Verbindungen in jene verwandelt werden.

Aus der Prüfung von Zuckerarten auf die Art, wie ich andere C-Quellen prüfte, geht deshalb mit aller Wahrscheinlichkeit nur hervor, welche Zuckerarten von den Enzymen der höheren Pflanzen zerlegt werden können.

Dies beleuchtet zwar eine recht interessante Frage[2], die jedoch über den Rahmen dieser Arbeit hinausgeht, weshalb ich hier nur einige ganz beliebig gewählte Versuche darüber gemacht habe.

---

[1] *Zuleski* u. *Marx*, diese Zeitschr. **47**, 184, 1912; **48**, 175, 1913.
[2] Vgl. *G. Klein* u. *K. Pirschle*, diese Zeitschr. **176**, 20, 1926.

Saccharose läßt sich nach *Hansteen*[1] für die Eiweißsynthese vieler Pflanzen verwerten. Nach den obigen Darlegungen hängt diese Verwertbarkeit nur davon ab, welche Pflanzen genügend Saccharase enthalten, um jene Disaccharide schnell genug zerlegen zu können. Um festzustellen, wie meine Weizenkeimpflanzen sich in dieser Hinsicht verhalten, wurde *Kertész'* qualitative Saccharaseprobe[2] mit meinem Material ausgeführt. Sie fiel schwach positiv aus. Doch ist nach den Versuchen 60 und 61 Saccharose nicht innerhalb 6 Stunden als C-Quelle für die Eiweißsynthese meiner Versuchspflanzen verwertbar. Sie wird anscheinend nicht schnell genug invertiert, um bei der fraglichen kurzen Versuchsdauer deutliche Synthese zu ergeben.

Versuch 58.

Material: Etiolierte Weizenkeimpflanzen.

Infiltriert mit I. 0,01 mol. $CO(NH_2)_2$; p_H: 6,0.
II. 0,01 mol. $CO(NH_2)_2$ + 0,0045 mol. Galaktose; p_H: 6,0.

	mg Eiweiß-N pro g Trockensubstanz nach				
	8 Min.	1 Std. 30 Min.	5 Std.	5 Std. 30 Min.	6 Std.
I.	36,4	37,0	37,8	37,0	37,9
II.	36,3	36,8	37,7	36,3	37,2
Differenz . .	+ 0,1	+ 0,2	+ 0,1	+ 0,7	+ 0,7

Versuch 59.

Material: Etiolierte Weizenkeimpflanzen.

Infiltriert mit I. 0,01 mol. $CO(NH_2)_2$; p_H: 6,0.
II. 0,01 mol. $CO(NH_2)_2$ + 0,0023 mol. Lactose; p_H: 6,0.

	mg Eiweiß-N pro g Trockensubstanz nach			
	9 Min.	4 Std.	5 Std.	6 Std.
I.	39,2	39,7	39,6	39,3
II.	39,0	39,3	39,7	39,5
Differenz . .	+ 0,2	+ 0,4	— 0,1	— 0,2

Versuch 60.

Material: Etiolierte Weizenkeimpflanzen.

Infiltriert mit I. 0,01 mol. $CO(NH_2)_2$ + 0,0045 mol. Glucose; p_H: 6,4.
II. 0.01 mol. $CO(NH_2)_2$ + 0,0023 mol. Saccharose; p_H: 6,2.

	mg Eiweiß-N pro g Trockensubstanz nach					
	9 Min.	1 Std.	3 Std.	4 Std.	5 Std.	6 Std.
I.	34,4	35,1	35,9	38,1	37,8	37,2
II.	33,9	35,5	35,6	36,5	36,3	36,2
Differenz . .	+ 0,5	— 0,4	+ 0,3	+ 1,6	+ 1,5	+ 1,0

[1] Jahrb. wiss. Bot. **33**, 417, 1899.
[2] Diese Zeitschr. **209**, 492, 1929.

Betreffs der Glucose als C-Quelle bei der Eiweißsynthese vgl. auch die Versuche 7, 11, 12, 100 und 108.

Versuch 61.

Material: Etiolierte Weizenkeimpflanzen.

Infiltriert mit I.   0,01 mol. $CO(NH_2)_2$; p_H: 6,3.

II.   0,01 mol. $CO(NH_2)_2$ + 0,0023 mol. Saccharose; p_H: 6,2.

	mg Eiweiß-N pro g Trockensubstanz nach					
	9 Min.	1 Std.	3 Std.	3 Std. 30 Min.	4 Std.	4 Std.
I.	36,9	37,0	37,5	37,4	37,4	37,0
II.	37,3	36,9	37,2	37,2	37,3	36,6
Differenz . .	— 0,4	+ 0,1	+ 0,3	+ 0,2	+ 0,1	+ 0,4

Versuch 62.

Material: Etiolierte Weizenkeimpflanzen.

Infiltriert mit I. 0,01 mol. $CO(NH_2)_2$; p_H: 6,2.

II. 0,01 mol. $CO(NH_2)_2$ + 0,0075 mol. Erythrit; p_H: 6,0.

	mg Eiweiß-N pro g Trockensubstanz nach					
	9 Min.	1 Std.	3 Std.	4 Std.	4 Std. 40 Min.	5 Std.
I.	36,4	36,6	36,6	36,9	37,0	37,2
II.	36,6	36,9	36,4	35,3	37,0	37,3
Differenz . .	— 0,2	— 0,3	+ 0,2	+ 1,6 (?)	± 0,0	— 0,1

Auf Grund der übrigens gleichmäßigen Werte ist anzunehmen, daß der niedrige Wert der Bestimmung II. nach 4 Stunden in irgendwelcher Weise fehlerhaft wurde. Diese Annahme wird von dem folgenden Versuch gestützt, der mit einem chemisch sehr verwandten Stoff vorgenommen wurde.

Versuch 63.

Material: Etiolierte Weizenkeimpflanzen.

Infiltriert mit I 0,01 mol. $CO(NH_2)_2$; p_H: 6,0.

II.   0,01 mol. $CO(NH_2)_2$ + 0,006 mol. Mannit; p_H: 6,2.

	mg Eiweiß-N pro g Trockensubstanz nach					
	9 Min.	1 Std.	3 Std.	4 Std.	5 Std.	6 Std.
I.	34,8	34,7	34,9	35,2	35,3	35,0
II.	34,2	34,5	34,9	34,8	35,2	34,7
Differenz . .	+ 0,6	+ 0,2	± 0,0	+ 0,4	+ 0,1	+ 0,3

Versuche mit verschiedenen N-Quellen.

Es ist eine seit *Liebig* und *Boussingault* bekannte Tatsache, daß Ammoniumsalze und Nitrate sich als N-Quellen von den höheren Pflanzen verwerten lassen.

In betreff komplizierterer organischer Verbindungen seien vor allem die ausführlichen Untersuchungen von *Lutz*[1] erwähnt. Es ist erwiesen, daß aliphatische Amide und niedere Amine von höheren Pflanzen assimiliert werden können. Die Amide sind sehr leicht assimilierbar; *Lutz* fand keinen Unterschied unter denselben. Die Amine wiederum sind um so leichter assimilierbar, je kleiner ihr Molekulargewicht und je weniger verzweigt ihr Molekül ist. Der Aminostickstoff wird hierbei nicht in Nitrat oder Ammoniak übergeführt.

Einige Aminosäuren sind von *Molliard*[2], *Hutchinson* und *Miller*[3], *Virtanen*[4] sowie von *Lutz*[5] teils mit positivem Resultat untersucht worden. Nitrile werden von den Pflanzen nicht verarbeitet[6]. Ich will hier nicht weiter auf die Literatur eingehen, da dieselbe bereits von *Czapek* in eingehender Weise referiert worden ist.

Da bei sämtlichen früheren Arbeiten auf diesem Gebiet die untersuchten Verbindungen den Pflanzen durch die Wurzeln zugeführt wurden, und da hierbei alle Fehler und Begrenzungen der Gültigkeit der Resultate in Kraft treten, auf die ich oben (S. 7) hinwies, führte ich mittels meiner Methodik folgende Versuche aus, um unsere Kenntnisse betreffs dieser interessanten Umstände zu erweitern.

Versuche mit aliphatischen Amiden.

Formamid, Acetamid, Butyramid, Succinamid, Carbamid, Biuret, Guanidin lassen sich als N-Quellen für die Eiweißsynthese höherer Pflanzen sehr gut verwerten, Thiocarbamid weniger gut.

Versuch 64.

Material: Grüne Weizenkeimpflanzen, die letzten 15 Stunden im Licht.
Infiltriert mit　I.　0,02 mol. H . $CONH_2$; p_H: 7,0.
　　　　　　　　II.　0,02 mol. CH_3 . $CONH_2$; p_H: 7,0.

	mg Eiweiß-N pro g Trockensubstanz nach					
	9 Min.	1 Std.	4 Std.	5 Std.	5 Std. 50 Min.	6 Std. 15 Min.
I.	45,4	44,8	45,7	46,2	48,4	48,2
II.	45,1	45,4	48,7	47,8	47,3	47,2
Differenz . . .	+ 0,3	— 0,6	— 3,0	— 1,6	+ 1,1	+ 1,0

[1] Compt. rend. **160**, 665, 1905. Zusammenfassung seiner Arbeiten in Bull. soc. bot. Fr. **52**, 194, 1905.

[2] Bull. soc. bot. Fr. **10**, 541, 1910; **56**, 534, 1909.

[3] Centralbl. f. Bakt., II. Abt., **30**, 513, 1911.

[4] Report of the 18. Scandinavian Naturalist Congress in Copenhagen 1929.

[5] Bull. soc. bot. Fr. **52**, 95, 1905.

[6] Compt. rend. Congr. Soc. Sav. Sc. 1900, S. 151; Compt. rend. **160**, 665, 1905; Bull. soc. bot. Fr. **52**, 159, 1905; *J. Cotte*, Compt. rend. soc. biol. **77**, 185, 1914.

Versuch 65.

Material: Grüne Weizenkeimpflanzen, die letzten 16 Stunden im Licht.
Infiltriert mit I. 0,02 mol. $CH_3 . CO . NH_2$; p_H: 7,0.

II. 0,02 mol. $CH_3 . CH_2 . CO . NH_2$; p_H: 7,2.

	mg Eiweiß-N pro g Trockensubstanz nach		
	9 Min.	5 Std.	6 Std.
I.	41,7	43,8	43,6
II.	41,6	44,1	43,2
Differenz	+ 0,1	— 0,3	+ 0,4

Versuch 66.

Material: Grüne Weizenkeimpflanzen, die letzten 15 Stunden im Licht.
Infiltriert mit I. 0,01 mol. $CO(NH_2)_2$; p_H: 6,6.

II. 0,02 mol. $CH_3 . CONH_2$; p_H: 6,4.

	mg Eiweiß-N pro g Trockensubstanz nach					
	9 Min.	1 Std.	2 Std. 45 Min.	3 Std. 45 Min.	4 Std. 45 Min.	5 Std.
I.	45,8	46,2	47,6	48,3	48,9	49,2
II.	46,1	46,5	47,4	48,4	48,7	49,2
Differenz . . .	— 0,3	— 0,3	+ 0,2	— 0,1	+ 0,2	± 0,0

Versuch 67.

Material: Grüne Weizenkeimpflanzen, die letzten 18 Stunden im Licht.
Infiltriert mit I. 0,01 mol. $CO(NH_2)_2$; p_H: 6,7.

II. 0,01 mol. $(CO . NH_2)_2$; p_H: 6,8.

	mg Eiweiß-N pro g Trockensubstanz nach						
	9 Min.	2 Std. 20 Min.	3 Std. 30 Min.	4 Std.	5 Std.	6 Std.	6 Std. 13 Min.
I.	41,4	41,0	41,2	43,6	44,1	44,2	—
II.	41,6	41,3	41,6	43,2	44,3	44,5	44,1
Differenz . . .	— 0,2	— 0,3	— 0,4	+ 0,4	— 0,2	— 0,3	—

Versuch 68.

Material: Grüne Keimpflanzen von *Gerste*. Die letzten 18 Stunden im Licht.
Infiltriert mit I. 0,01 mol. $CO(NH_2)_2$; p_H: 6,2.

II. 0,0067 mol. $NH_2 . CO . NH . CO . NH_2$; p_H: 6,0.

	mg Eiweiß-N pro g Trockensubstanz nach						
	8 Min.	1 Std.	3 Std.	4 Std.	5. Std.	5 Std. 43 Min.	6 Std.
I.	35,2	34,8	35,4	35,5	37,4	35,8	36,4
II.	34,7	34,0	35,4	34,9	36,6	35,8	35,9
Differenz . . .	+ 0,5	+ 0,8	± 0,0	+ 0,6	+ 0,8	± 0,0	+ 0,5

Dieser Versuch wurde schon zu Beginn meiner Untersuchung ausgeführt, also zu einer Zeit, wo noch mehrere Fehlerquellen vorkamen, die später eliminiert wurden. Deshalb sind die Analysenwerte unsicherer als bei meinen späteren Bestimmungen. Es geht aber deutlich hervor, daß Biuret für die Eiweißsynthese meiner Versuchspflanzen sich verwerten läßt. Da dieser Stoff für die natürliche Eiweißsynthese kaum von Bedeutung ist, habe ich es nicht für nötig gehalten, diesen Versuch später zu wiederholen, um gleichmäßigere Werte zu erzielen.

Versuch 69.

Material: Grüne Pflanzen. Letzte 15 Stunden im Licht.

Infiltriert mit I. 0,01 mol. $CO(NH_2)_2$; p_H: 6,2.

II. 0,0033 mol. $(C:NH . NH_2 . NH_2)_2 . CO_3$; p_H: 6,4.

	mg Eiweiß-N pro g Trockensubstanz nach				
	9 Min.	1 Std.	4 Std.	5 Std.	6 Std.
I.	—	—	46,0	49,1	50,8; 50,5
II.	44,8	45,4	47,4	50,8	49,1
Differenz . . .	—	—	— 1,4	— 1,7	+ 1,5

Kawakita[1] hat die Erfahrung gemacht, daß Guanidin sowie Biuret auf die Pflanzen giftig einwirken. Auch *Hutchinson* und *Miller*[2] bezeichnen Guanidin als eine für höhere Pflanzen wenig geeignete N-Quelle.

Die Ursache der Unterschiede zwischen den Erfahrungen jener Autoren und meinen obigen Versuchen ist wahrscheinlich darin zu suchen, daß die giftigen Einwirkungen der betreffenden Stoffe sich bei den von mir verwendeten kurzen Versuchszeiten nicht bemerkbar machen.

Schließlich schien es mir interessant, festzustellen, ob Schwefelharnstoff für die Eiweißsynthese von meinen Versuchspflanzen sich verwerten ließ. Um dieses zu untersuchen, machte ich folgende Versuche:

Versuch 70.

Material: Grüne Weizenkeimpflanzen, die letzten 15 Stunden im Licht.

Infiltriert mit I. 0,01 mol. $CO(NH_2)_2$; p_H: 6,2.

II. 0,01 mol. $CS(NH_2)_2$; p_H: 6,3.

	mg Eiweiß-N pro g Trockensubstanz nach					
	9 Min.	1 Std.	3 Std.	4 Std.	5 Std.	6 Std.
I.	45,3	45,8	45,3	47,5	47,0	47,7
II.	45,8	45,2	44,8	47,2	46,6	47,1
Differenz . . .	— 0,5	+ 0,6	+ 0,5	+ 0,3	+ 0,4	+ 0,6

[1] Bull. Agr. Coll. Tokyo **6**, 181, 1904.
[2] Centralbl. f. Bakt., II. Abt., **30**, 513, 1911.

Versuch 71.

Material: Grüne Weizenkeimpflanzen, die letzten 14 Stunden
bei Licht.

Infiltriert mit　I.　H_2O.

　　　　　　　II.　0,01 mol. $CS(NH_2)_2$; p_H: 7,0.

	mg Eiweiß-N pro g Trockensubstanz nach					
	9 Min.	1 Std.	3 Std.	4 Std.	5 Std.	6 Std.
I.	43,6	43,0	43,5	44,3	44,0	44,1
II.	43,1	43,7	43,2	44,2	44,7	44,8
Differenz . . .	+ 0,5	— 0,7	+ 0,3	+ 0,1	— 0,7	— 0,7

Aus diesen Versuchen geht hervor, daß $CS(NH_2)_2$ für die Eiweißsynthese meiner Versuchspflanzen verwertet wird, wenn auch nicht
so gut wie $CO(NH_2)_2$.

Bei den obigen Versuchen wurde die Beobachtung gemacht, daß
die mit $Cu(OH)_2$ erhaltenen Eiweißfällungen aus den mit $CS(NH_2)_2$
infiltrierten Blättern dunkler waren als diejenigen der mit Carbamid
oder Wasser infiltrierten, und zwar nahm die dunkle Farbe der Fällungen
proportional der Versuchszeit zu.

Dieses dürfte seine Erklärung darin finden, daß das Thiocarbamid
seinen Schwefel, wenigstens zum Teil, als H_2S abspaltet, das mit
Kupferhydroxyd dunkles Kupfersulfid bildet.

Bei einem anderen Versuch, wo mit Thiocarbamid infiltrierte
Blätter in einem geschlossenen Gefäß standen, wurde nach
7 Stunden ein Geruch von CS_2 empfunden. Dieser Geruch
war zwar sehr schwach, wurde jedoch von zwei Personen, die
diesen Geruch nicht erwarteten, unabhängig voneinander wahrgenommen. Ein Versuch, den CS_2 durch Destillation zu kon-
zentrieren und mit Phenylhydrazin nachzuweisen, gelang nicht.
Aus diesen Versuchen geht mit Wahrscheinlichkeit hervor, daß
die Spaltung des Thiocarbamids bei meinen Versuchspflanzen keine
oxydative ist.

Versuche mit Aminen und substituierten Amiden.

*Methylamin wird etwa ebensogut wie Carbamid verwertet, Äthyl-
amin deutlich schlechter. Dimethylamin wird schlecht verwertet, Tri-
äthylamin sehr schlecht, vielleicht überhaupt nicht. Die alkylsubstituierten
Carbamide lassen sich sehr gut verwerten.*

Versuch 72.

Material: Grüne Weizenkeimpflanzen, die letzten 15 Stunden bei Licht.
Infiltriert mit   I.   0,01 mol. $CO(NH_2)_2$; p_H: 7,2.
             II.   0,02 mol. $CH_3 . NH_2 . HCl$; p_H: 7,0.

	mg Eiweiß-N pro g Trockensubstanz nach					
	9 Min.	1 Std.	3 Std.	4 Std.	5 Std.	6 Std.
I.	43,4	43,7	43,3	44,9	45,5	45,0
II.	44,1	43,4	43,9	44,5	45,3	44,7
Differenz . . .	− 0,7	+ 0,3	− 0,6	+ 0,4	+ 0,2	+ 0,3

Versuch 73.

Material: Grüne Weizenkeimpflanzen, die letzten 15 Stunden bei Licht.
   Infiltriert mit   I. H_2O.
             II.   0,02 mol. $CH_3 . NH_2 . HCl$; p_H: 6,3.

	mg Eiweiß-N pro g Trockensubstanz nach					
	8 Min.	1 Std.	3 Std.	4 Std.	5 Std.	6 Std.
I.	43,7	43,5	43,2	44,0	43,4	43,5
II.	43,2	42,9	43,6	44,4	44,8	44,3
Differenz . . .	+ 0,5	+ 0,6	− 0,4	− 0,4	− 1,4	− 0,8

Versuch 74.

Material: Etiolierte Weizenkeimpflanzen.
Infiltriert mit   I.   0,004 mol. Glucose + 0,02 mol. $CH_3NH_2 . HCl$; p_H: 6,0.
             II.   0,004 mol. Glucose + 0,02 mol. $C_2H_5NH_2 . HCl$; p_H: 6,0.

	mg Eiweiß-N pro g Trockensubstanz nach					
	9 Min.	1 Std.	3 Std.	4 Std.	5 Std.	6 Std.
I.	36,4	36,4	36,2	38,0	37,5	37,3
II.	36,9	36,4	36,7	37,4	37,8	37,2
Differenz . . .	− 0,5	± 0,0	− 0,5	+ 0,6	− 0,3	+ 0,1

Versuch 75.

Material: Grüne Weizenkeimpflanzen, die letzten 15 Stunden bei Licht.
   Infiltriert mit   I. H_2O.
             II.   0,02 mol. $(CH_3)_2NH . HCl$; p_H: 6,0.

	mg Eiweiß-N pro g Trockensubstanz nach				
	7 Min.	1 Std.	3 Std.	5 Std.	6 Std.
I.	46,7	46,9	47,3	46,7	46,9
II.	46,3	46,7	46,9	47,5	47,7
Differenz . . .	+ 0,4	+ 0,2	+ 0,4	− 0,8	− 0,8

Versuch 76.

Material: Grüne Weizenkeimpflanzen, die letzten 18 Stunden bei Licht.
Infiltriert mit I. 0,01 mol. $CO(NH_2)_2$; p_H: 6,5.
   II. 0,02 mol. $(CH_3)_2NH \cdot HCl$; p_H: 6,4.

	mg Eiweiß-N pro g Trockensubstanz nach				
	9 Min.	1 Std.	$3^1/_2$ Std.	4 Std.	$5^1/_2$ Std.
I.	44,4	44,2	45,6	46,2	46,2
II.	44,6	44,1	45,2	45,7	45,8
Differenz . . .	— 0,2	+ 0,1	+ 0,4	+ 0,5	+ 0,4

Versuch 77.

Material: Etiolierte Weizenkeimpflanzen.
Infiltriert mit I. 0,004 mol. Glucose + 0,02 mol. $(CH_3)_2NH \cdot HCl$; p_H: 6,4.
   II. 0,004 mol. Glucose + 0,02 mol. $(C_2H_5)_3N \cdot HCl$; p_H: 6,4.

	mg Eiweiß-N pro g Trockensubstanz nach				
	9 Min.	1 Std.	4 Std.	5 Std.	6 Std.
I.	34,3	33,9	34,9	35,0	35,1
II.	33,8	33,9	34,6	34,9	34,5
Differenz . . .	+ 0,5	± 0,0	+ 0,3	+ 0,1	+ 0,6

Versuch 78.

Material: Grüne Weizenkeimpflanzen, die letzten 16 Stunden bei Licht.
Infiltriert mit I. H_2O.
   II. 0,02 mol $(C_2H_5)_3N \cdot HCl$; p_H: 7,0.

	mg Eiweiß-N pro g Trockensubstanz nach			
	9 Min.	1 Std.	$3^1/_2$ Std.	$5^1/_2$ Std.
I.	43,3	43,3	43,6	43,2
II.	—	42,9	43,9	44,0
Differenz . . .	—	+ 0,4	— 0,3	— 0,8

Versuch 79.

Material: Grüne Weizenkeimpflanzen, die letzten 15 Stunden bei Licht.
Infiltriert mit I. 0,01 mol. $CO(NH_2)_2$; p_H: 7,0.
   II. 0,01 mol. $CO \cdot NH_2 \cdot NHCH_3$; p_H: 6,9.

	mg Eiweiß-N pro g Trockensubstanz nach			
	9 Min.	5 Std.	6 Std.	8 Std.
I.	36,4	42,4; 42,7	41,8; 42,2	43,0
II.	—	42,4; 42,5	41,6	43,4
Differenz . . .	—	+ 0,2	+ 0,4	— 0,4

Versuch 80.

Material: Grüne Weizenkeimpflanzen, die letzten 15 Stunden bei Licht.
Infiltriert mit I.   0,01 mol. $CO(NH_2)_2$; p_H: 7,4.
            II.   0,01 mol. $CO . NH_2 . NHCH_3$; p_H: 7,3.

	mg Eiweiß-N pro g Trockensubstanz nach				
	9 Min.	1 Std.	4 Std.	5 Std.	6 Std.
I.	44,2	44,4	44,8	45,2; 45,5	46,6
II.	—	44,2	46,3	45,8; 46,4	45,4; 45,5
Differenz . . .	—	+ 0,2	— 1,5	— 1,3	+ 1,1

Versuch 81.

Material: Grüne Weizenkeimpflanzen, die letzten 15 Stunden bei Licht.
Infiltriert mit I.   0,01 mol. $CO(NH_2)_2$; p_H: 6,4.
            II.   0,01 mol. $CO(NHC_2H_5)_2$; p_H: 6,4.

	mg Eiweiß-N pro g Trockensubstanz nach			
	8 Min.	2 Std. 45 Min.	4 Std. 36 Min.	6 Std.
I.	43,1	43,1	46,7	45,8
II.	—	44,1	47,8	46,8; 47,2
Differenz . . .	—	— 1,0	— 1,1	— 1,2

Versuch 82.

Material: Etiolierte Weizenkeimpflanzen.
Infiltriert mit I.   0,004 mol. Glucose + 0,01 mol. $CO(NH_2)_2$; p_H: 6,0.
            II.   0,004 mol. Glucose + 0,01 mol. $CO(NII . C_2H_5)_2$; p_H: 6,0.

	mg Eiweiß-N pro g Trockensubstanz nach			
	9 Min.	$4^1/_2$ Std.	$5^1/_2$ Std.	6 Std.
I.	42,8	44,8	44,4	45,9
II.	43,0	43,5	44,5	45,6
Differenz . . .	— 0,2	+ 1,3	— 0,1	+ 0,3

Versuch mit Carbaminsäure.

*Dieser Stoff wird von den Weizenkeimpflanzen für die Eiweiß-
synthese gut verwertet.*

Versuch 83.

Material: Grüne Weizenkeimpflanzen, die letzten 15 Stunden im Licht.
Infiltriert mit I.   0,01 mol. $CO(NH_2)_2$.
            II.   0,02 mol. $NH_2 . COOC_2H_5$.

	mg Eiweiß-N pro g Trockensubstanz nach					
	9 Min.	1 Std.	3 Std.	4 Std.	$4^1/_2$ Std.	4 Std. 56 Min.
I.	43,1	43,4	44,7	45,2	44,3	44,0
II.	43,6	43,7	44,2	44,3	44,7	44,8
Differenz . . .	— 0,5	— 0,3	+ 0,5	+ 0,9	— 0,4	— 0,8

Versuche mit Aminosäuren.

Glykokoll, Alanin, a-Aminobuttersäure und Leucin werden als N-Quellen für die Eiweißsynthese etwa ebenso gut, sicherlich nicht besser als Carbamid verwertet. Glykokolläthylester wird auch verwertet, wenn auch bedeutend schlechter als die oben erwähnten Stoffe.

Versuch 84.

Material: Grüne Weizenkeimpflanzen, die letzten 15 Stunden im Licht.
Infiltriert mit I. 0,01 mol. $CO(NH)_2$; p_H: 7,0.
II. 0,02 mol. $CH_2 . NH_2 . COOH$; p_H: 6,9.

	mg Eiweiß-N pro g Trockensubstanz nach						
	7 Min.	1 Std.	2 Std.	3 Std.	4 Std.	5 Std.	6 Std.
I.	42,7	42,5	42,5	42,6	43,9	44,2	43,6
II.	42,3	42,7	42,3	42,4	43,8	43,8	43,4
Differenz . . .	+ 0,4	− 0,2	+ 0,2	+ 0,2	+ 0,1	+ 0,4	+ 0,2

Versuch 85.

Material: Grüne Weizenkeimpflanzen, die letzten 16 Stunden im Licht.
Infiltriert mit I. 0,01 mol. $CO(NH_2)_2$; p_H: 6,2.
II. 0,02 mol. $CH_3 . CH . NH_2 . COOH$; p_H: 6,2.

	mg Eiweiß-N pro g Trockensubstanz nach						
	15 Min.	1 Std.	3 Std. 20 Min.	4 Std. 30 Min.	5 Std. 22 Min.	5 Std. 53 Min.	6 Std.
I.	43,3	43,3	43,7	44,6	44,5	43,9	43,8
II.	42,6	42,9	43,7	44,4	44,2	44,7	44,7
Differenz . .	+ 0,7	+ 0,4	± 0,0	+ 0,2	+ 0,3	− 0,8	− 0,9

Versuch 86.

Material: Grüne Weizenkeimpflanzen, die letzten 15 Stunden im Licht.
Infiltriert mit I. 0,01 mol. $CO(NH_2)_2$; p_H: 7,0.
II. 0,02 mol. $CH_3 . CH . NH_2 . COOH$; p_H: 6,9.

	mg Eiweiß-N pro g Trockensubstanz nach						
	7 Min.	1 Std.	2 Std.	3 Std.	3 Std. 19 Min.	4 Std.	4 Std. 15 Min.
I.	44,4	44,6	44,4	44,4	44,9	45,8	45,6
II.	43,7	43,9	44,4	44,5	44,9	45,4	45,3
Differenz . .	+ 0,7	+ 0,7	± 0,0	− 0,1	± 0,0	+ 0,4	+ 0,3

4*

Versuch 87.

Material: Grüne Weizenkeimpflanzen, die letzten 15 Stunden im Licht.

Infiltriert mit   I.   0,01 mol. $CO(NH_2)_2$; p_H: 6,7.

　　　　　　　II.   0,02 mol. $CH_3 . CH_2 . CHNH_2 . COOH$; p_H: 6,8.

	mg Eiweiß-N pro g Trockensubstanz nach				
	9 Min.	1 Std.	3 Std.	5 Std.	6 Std.
I.	42,1	41,8	41,9	44,2	43,8
II.	42,3	41,7	42,0	43,7	43,6
Differenz . .	− 0,2	+ 0,1	− 0,1	+ 0,5	+ 0,2

Versuch 88.

Material: Grüne Weizenkeimpflanzen, die letzten 14 Stunden im Licht.

Infiltriert mit   I. H_2O.

　　　　　　　II.   0,02 mol. $(CH_3)_2 . CH . CH_2 . CH{\overset{\textstyle NH_2}{\underset{\textstyle COOH}{}}}$; p_H: 7,0.

	mg Eiweiß-N pro g Trockensubstanz nach				
	8 Min.	1 Std.	3 Std. 20 Min.	4 Std.	5 Std.	6 Std.
I.	40,8	40,9	41,3	41,2	41,1	40,3; 40,8
II.	40,3	40,4	41,3	41,0	42,5	42,7; 42,3
Differenz . .	+ 0,5	+ 0,5	± 0,0	+ 0,2	− 1,4	− 2,0

Versuch 89.

Material: Grüne Weizenkeimpflanzen, die letzten 15 Stunden im Licht.

Infiltriert mit   I. H_2O.

　　　　　　　II.   0,02 mol. $CH_2{\overset{\textstyle NH_2 . HCl}{}} . COOC_2H_5$; p_H: 6,0.

	mg Eiweiß-N pro g Trockensubstanz nach				
	9 Min.	1 Std.	3 Std.	4 Std.	5 Std.	6 Std.
I.	42,9	42,8	42,6	43,1	43,1	42,6
II.	42,7	42,5	42,7	43,8	44,2	43,7
Differenz . .	+ 0,2	+ 0,3	− 0,1	− 0,7	− 1,1	− 1,1

Versuch 90.

Material: Grüne Weizenkeimpflanzen, die letzten 15 Stunden im Licht.

Infiltriert mit   I.   0,01 mol. $CO(NH_2)_2$; p_H: 6,2.

　　　　　　　II.   0,02 mol. $CH_2{\overset{\textstyle NH_2 . HCl}{}}COOC_2H_5$; p_H: 6,3.

	mg Eiweiß-N pro g Trockensubstanz nach				
	9 Min.	1 Std.	3 Std.	4 Std.	5 Std.	6 Std.
I.	43,7	43,2	43,6	44,8	45,9	45,2
II.	44,0	43,5	43,9	44,3	44,9	44,7
Differenz . .	− 0,3	− 0,3	− 0,3	+ 0,5	+ 1,0	+ 0,5

Versuche mit Ammoniumverbindungen.

*Ammoniumcarbonat, -succinat und -pyruvinat sowie Acetaldehyd-
ammoniak sind etwa ebenso gut verwendbar wie die Amide; Ammonium-
chlorid und Sulfat sind als N-Quellen deutlich schlechter.*

Versuch 91.

Material: Grüne Weizenkeimpflanzen, die letzten 15 Stunden bei Licht.
Infiltriert mit I. 0,01 mol. $CO(NH_2)_2$; p_H: 6,3.
II. 0,01 mol. $(NH_4)_2SO_4$; p_H: 6,4.

	mg Eiweiß-N pro g Trockensubstanz nach					
	9 Min.	1 Std.	3 Std.	4 Std.	5 Std.	6 Std.
I.	40,7	40,5	40,8	41,5	42,3	42,0
II.	40,4	40,6	40,6	41,2	41,8	41,6
Differenz . .	+ 0,3	— 0,1	+ 0,2	+ 0,3	+ 0,5	+ 0,4

Versuch 92.

Material: Grüne Weizenkeimpflanzen, die letzten 15 Stunden bei Licht.
Infiltriert mit I. 0,01 mol. $(NH_4)_2SO_4$; p_H: 5,9.
II. 0,02 mol. NH_4Cl; p_H: 5,9.

	mg Eiweiß-N pro g Trockensubstanz nach					
	9 Min.	1 Std.	3 Std.	4 Std.	5 Std.	6 Std.
I.	43,7	43,5	43,9	44,9	44,7	44,4
II.	43,5	43,9	43,6	44,8	44,8	44,1
Differenz . .	+ 0,2	— 0,4	+ 0,3	+ 0,1	— 0,1	+ 0,3

Versuch 93.

Material: Grüne Weizenkeimpflanzen, die letzten 15 Stunden bei Licht.
Infiltriert mit I. 0,01 mol. $CO(NH_2)_2$; p_H: 6,0.
II. 0,02 mol. NH_4Cl; p_H: 6,0.

	mg Eiweiß-N pro g Trockensubstanz nach					
	9 Min.	1 Std.	3 Std.	4 Std.	5 Std.	6 Std.
I.	41,3	40,9	41,4	42,7	43,5	43,3
II.	41,0	40,8	41,2	42,3	42,9	42,8
Differenz . .	+ 0,3	+ 0,1	+ 0,2	+ 0,4	+ 0,6	+ 0,5

Versuch 94.

Material: Grüne Pflanzen, die letzten 15 Stunden bei Licht.
Infiltriert mit I. 0,01 mol. $CO(NH_2)_2$; p_H: 6,4.
II. 0,01 mol. $(NH_4)_2CO_3$; p_H: 6,3.

	mg Eiweiß-N pro g Trockensubstanz nach					
	8 Min.	1 Std.	3 Std.	4 Std.	5 Std.	6 Std.
I.	41,6	41,4	42,3	43,5	43,9	43,7
II.	41,0	41,5	42,7	43,4	44,1	43,3
Differenz . .	+ 0,6	— 0,1	— 0,4	+ 0,1	— 0,2	+ 0,4

Versuch 95.

Material: Grüne Pflanzen, die letzten 15 Stunden bei Licht.
Infiltriert mit　I.　0,01 mol. $CO(NH_2)_2$; p_H: 6,0.
　　　　　　　　II.　0,01 mol. $(CH_2 . COONH_4)_2$; p_H: 6,0.

	mg Eiweiß-N pro g Trockensubstanz nach					
	9 Min.	1 Std.	3 Std.	4 Std.	5 Std.	6 Std.
I.	40,5	40,2	40,9	41,7	42,6	42,5
II.	40,2	40,4	41,3	42,1	42,8	42,4
Differenz . .	+ 0,3	− 0,2	− 0,4	− 0,4	− 0,2	+ 0,1

Versuch 96.

Material: Grüne Keimpflanzen, die letzten 14 Stunden bei Licht.
Infiltriert mit　I.　0,01 mol. $(NH_4)_2CO_3$; p_H: 6,0.
　　　　　　　　II.　0,01 mol. $(NH_4)_2SO_4$; p_H: 6,0.

	mg Eiweiß-N pro g Trockensubstanz nach					
	9 Min.	1 Std.	3 Std.	4 Std.	5 Std.	6 Std.
I.	41,3	41,2	41,8	42,7	43,4	43,1
II.	41,3	41,0	41,4	42,0	42,7	42,5
Differenz . .	± 0,0	+ 0,2	+ 0,4	+ 0,7	+ 0,7	+ 0,6

Versuch 97.

Material: Grüne Weizenkeimpflanzen, die letzten 15 Stunden bei Licht.
Infiltriert mit　I.　0,02 mol. Acetaldehydammoniak; p_H: 9,6.
　　　　　　　　II.　0,02 mol. $CH_3 . CO . COONH_4$; p_H: 6,3.

	mg Eiweiß-N pro g Trockensubstanz nach					
	9 Min.	1 Std.	3 Std. 25 Min.	5 Std.	5 Std. 30 Min.	6 Std.
I.	35,6	36,1	38,6	38,8	38,7	38,9
II.	35,2	36,6	38,8	38,8	39,8	39,6
Differenz . .	+ 0,4	− 0,5	− 0,2	± 0,0	− 1,1	− 0,7

Versuch 98.

Material: Grüne Weizenkeimpflanzen, die letzten 15 Stunden bei Licht.
Infiltriert mit　I.　0,01 mol. $CO(NH_2)_2$; p_H: 6,0.
　　　　　　　　II.　0,02 mol. Acetaldehydammoniak; p_H: 9,6.

	mg Eiweiß-N pro g Trockensubstanz nach					
	9 Min.	1 Std.	3 Std.	4 Std.	5 Std.	6 Std.
I.	43,7	43,4	44,8	45,0	45,3	44,7
II.	43,3	43,7	45,0	44,6	45,2	44,3
Differenz . .	+ 0,4	− 0,3	− 0,2	+ 0,4	+ 0,1	+ 0,4

Es ist bemerkenswert, daß die Eiweißsynthese selbst bei so großen Unterschieden im p_H der infiltrierten Lösungen nicht in höherem Maße beeinflußt wird.

Versuche mit Nitraten und Nitriten.

KNO_2 und $NaNO_2$ sind etwa ebenso gut verwertbar wie die Amide; KNO_3 und $NaNO_3$ bedeutend schlechter.

Versuch 99.

Material: Grüne Weizenkeimpflanzen, die letzten 15 Stunden bei Licht.

Infiltriert mit I. H_2O.

II. 0,02 mol. KNO_3; p_H: 6,4.

	mg Eiweiß-N pro g Trockensubstanz nach						
	9 Min.	1 Std.	2 Std.	3 Std.	4 Std.	5 Std.	6 Std.
I.	47,6	47,4	47,3	48,6	47,7	47,4	47,0
II.	47,3	47,5	47,9	48,4	48,5	48,9	48,6
Differenz . .	+ 0,3	— 0,1	— 0,6	+ 0,2	— 0,8	— 1,5	— 1,6

Versuch 100.

Material: Grüne Weizenkeimpflanzen, die letzten 14 Stunden bei Licht.

Infiltriert mit I. 0,02 mol. KNO_3; p_H: 6,4.

II. 0,02 mol. KNO_2; p_H: 6,5.

	mg Eiweiß-N pro g Trockensubstanz nach						
	9 Min.	1 Std.	2 Std.	3 Std.	4 Std.	5 Std.	5 Std. 14 Min.
I.	46,5	46,6	46,8	47,2	47,3	47,5	47,8
II.	47,0	46,5	46,8	47,2	48,6	48,7	48,8
Differenz . .	— 0,5	+ 0,1	± 0,0	± 0,0	— 1,3	— 1,2	— 1,0

Versuch 101.

Material: Grüne Pflanzen, die letzten 14 Stunden bei Licht.

Infiltriert mit I: 0,02 mol. KNO_3; p_H: 6,5.

II. 0,02 mol. KNO_2; p_H: 6,3.

	mg Eiweiß-N pro g Trockensubstanz nach					
	9 Min.	1 Std.	3 Std.	3 Std. 47 Min.	4 Std. 25 Min.	4 Std. 41 Min.
I.	44,4	45,2	45,5	44,6	45,5	45,6
II.	44,9	44,5	46,7	46,2	46,1	46,7
Differenz . .	— 0,5	+ 0,7	— 1,2	— 1,6	— 0,6	— 1,1

Dieser Versuch bestätigt das Ergebnis der vorigen Versuche, daß nämlich bei grünen Pflanzen Nitrit vorteilhafter als Nitrat ist. Es schien mir aber möglich, daß es sich bei etiolierten Pflanzen anders verhalten könnte; in diesem Falle würde die für die Eiweißsynthese nötige Energie durch Verbrennen der in der infiltrierten Lösung enthaltenen Glucose erzeugt; hierbei könnte vielleicht Nitrat als die sauerstoffreichere Verbindung bessere Resultate ergeben. Aus dem folgenden Versuch geht hervor, daß es nicht der Fall war.

Versuch 102.

Material: Etiolierte Weizenkeimpflanzen.

Infiltriert mit I.   0,004 mol. Glucose + 0,02 mol. KNO_3; p_H: 6,0.
II.   0,004 mol. Glucose + 0,02 mol. KNO_2; p_H: 6,0.

	mg Eiweiß-N pro g Trockensubstanz nach					
	9 Min.	1 Std.	3 Std.	3 Std. 40 Min.	5 Std. 9 Min.	6 Std.
I.	31,3	32,0	33,2	32,4	32,3	32,4
II.	31,8	31,6	32,2	34,3	33,3	33,4
Differenz . .	− 0,5	+ 0,4	+ 1,0	− 1,9	− 1,0	− 1,0

Dieses Ergebnis wird durch folgenden Versuch mit den entsprechenden Na-Verbindungen bestätigt.

Versuch 103.

Material: Grüne Weizenkeimpflanzen, die letzten 15 Stunden im Licht.
Infiltriert mit I.   0,02 mol. $NaNO_3$; p_H: 6,0.
II.   0,02 mol. $NaNO_2$; p_H: 6,0.

	mg Eiweiß-N pro g Trockensubstanz nach					
	11 Min.	1 Std.	3 Std.	4 Std.	4 Std. 50 Min.	5 Std. 6 Min.
I.	46,7	47,4	47,7	48,2	47,9	48,1
II.	46,4	47,8	47,7	48,5	49,3	49,4
Differenz . .	+ 0,3	− 0,4	± 0,0	− 0,3	− 1,4	− 1,3

Es schien mir in Anbetracht der oben (S. 5) beschriebenen Hypothesen *Baudischs* und *Balys* von besonderem Interesse, Nitrit mit Amiden oder Ammoniumsalzen zu vergleichen. Ich wählte für diesen Vergleich Ammoniumcarbonat; dieser Stoff ist im Versuch 94 mit Carbamid verglichen worden.

Versuch 104.

Material: Grüne Weizenkeimpflanzen, die letzten 15 Stunden im Licht.
Infiltriert mit I.   0,02 mol. KNO_2; p_H: 7,0.
II.   0,01 mol. $(NH_4)_2CO_3$; p_H: 6,9.

	mg Eiweiß-N pro g Trockensubstanz nach					
	9 Min.	1 Std.	3 Std.	4 Std.	5 Std.	6 Std.
I.	42,2	42,7	44,6	44,9	44,1	45,8
II.	42,7	43,1	44,6	45,4	45,2	45,8
Differenz . .	− 0,5	− 0,4	± 0,0	− 0,5	− 1,1	± 0,0

Der Versuch wurde wiederholt:

Versuch 105.

Material und Infiltration wie im vorigen Versuch. p_H der Lösungen: 7,2 bzw. 7,5.

	mg Eiweiß-N pro g Trockensubstanz nach				
	8 Min.	40 Min.	4 Std.	5 Std.	6 Std.
I.	44,4	45,2	46,3	46,8	46,5
II.	45,2	45,2	46,9	47,6	47,6
Differenz . .	— 0,8	± 0,0	— 0,6	— 0,8	— 1,1

Nach allen diesen Versuchen dürfte kaum ein Zweifel darüber bestehen, daß Nitrit als N-Quelle für meine Versuchspflanzen vorteilhafter als Nitrat ist. Der Unterschied zwischen Nitrit und Ammoniumcarbonat ist in dieser Hinsicht unbedeutend. Nach den beiden letzten Versuchen hat es jedoch den Anschein, als ob Ammoniumcarbonat ein wenig vorteilhafter wäre.

Versuche mit Nitrilen und Oxynitrilen.

Oxynitrile werden etwa gleich gut wie die Amide verwertet; Nitrile überhaupt nicht.

Wie S. 44 bereits erwähnt wurde, erwiesen *Lutz* und *Cotte*, daß Nitrile von den höheren Pflanzen nicht ausgenutzt werden können. Um diesen Befund einer Prüfung zu unterziehen, führte ich nachstehende Versuche aus.

Zuerst untersuchte ich, ob die negativen Ergebnisse jener Autoren von einer Giftwirkung der Nitrile abhängen könnten.

Versuch 106.

Material: Grüne Weizenkeimpflanzen, die letzten 16 Stunden im Licht. Infiltriert mit I. 0,01 mol. $CO(NH_2)_2$; p_H: 6,4.
II. 0,01 mol. $CO(NH_2)_2$ + 0,01 mol. $CH_3 . CN$; p_H: 6,5.

	mg Eiweiß-N pro g Trockensubstanz nach						
	9 Min.	1 Std.	3 Std. 30 Min.	4 Std. 20 Min.	5 Std.	5 Std. 45 Min.	6 Std. 5 Min.
I.	44,8	44,9	45,6	45,7	46,2	46,5	46,1
II.	44,6	44,6	46,3	45,8	46,2	46,2	46,6
Differenz . .	+ 0,2	+ 0,3	— 0,7	— 0,1	± 0,0	+ 0,3	— 0,5

Da der Versuch bewies, daß Nitril nicht die Eiweißsynthese in nachweisbarer Weise stört, wurde die Untersuchung fortgesetzt.

Versuch 107.

Material: Etiolierte Weizenkeimpflanzen.

Infiltriert mit I. 0,005 mol. Glucose; p_H: 6,1.

II. 0,005 mol. Glucose + 0,02 mol. $CH_3 . CN$; p_H: 6,0.

	mg Eiweiß-N pro g Trockensubstanz nach						
	9 Min.	1 Std.	3 Std.	4 Std. 24 Min.	5 Std.	5 Std. 35 Min.	6 Std.
I.	38,6	38,8	38,7	38,5	38,8	38,2	38,0
II.	38,8	38,8	39,0	38,7	39,3	38,6	38,2
Differenz . .	— 0,2	± 0,0	— 0,3	— 0,2	— 0,5	— 0,4	— 0,2

Aus diesem Versuch geht hervor, daß eine Eiweißbildung mit Acetonitril als N-Quelle nicht in nachweisbarer Menge stattfindet; die kleine Vermehrung des Eiweißstickstoffs nach 5 und 5½ Stunden befindet sich ja innerhalb der möglichen Fehlergrenzen. Die Nitrilversuchsreihe des obigen Versuchs weist in sechs der sieben Analysenwerte eine höhere N-Menge als die Vergleichsreihe auf; vielleicht hängt es davon ab, daß jene unbedeutende Menge des Nitrils von der Eiweißfällung adsorbiert wurde und beim Waschen nicht entfernt werden konnte.

Da Oxynitrile eine nicht unbedeutende Rolle in der Natur spielen, da Oxynitrilasen bei höheren Pflanzen nachgewiesen sind[1] und da jene Stoffe nach *Treubs* Hypothese wichtige Zwischenprodukte bei der

Versuch 108.

Material: Grüne Weizenkeimpflanzen, die letzten 15 Stunden im Licht.

Infiltriert mit I. 0,02 mol. $CH_3 . CH_2 . CN$; p_H: 6,2.

II 0,02 mol. $CH_3 . CH . OH . CN$; p_H: 6,3.

	mg Eiweiß-N pro g Trockensubstanz nach der Zeit von						
	8 Min.	1 Std. 32 Min.	2 Std. 32 Min.	3 Std. 31 Min.	4 Std. 34 Min.	5 Std. 32 Min.	6 Std. 14 Min.
I.	45,2	45,5	44,8	46,4	46,0	46,0	45,6
II.	44,8	45,9	45,5	47,5	47,0	47,2	47,4
Differenz . .	+ 0,4	— 0,4	— 0,7	— 1,1	— 1,0	— 1,2	— 1,8

[1] *Rosenthaler*, Arch. f. exper. Pathol. u. Pharm. **246**, 365, 710, 1908; **248**, 105, 534, 1910; **251**, 56, 85, 1913; *K. Feist*, ebendaselbst **246**, 206, 509, 1908; **247**, 542, 1909; **248**, 101, 1910; *Venth*, Dissertation Straßburg 1912; *Krieble*, Journ. Amer. Chem. Soc. **35**, 1643, 1913; *Nordefeldt*, diese Zeitschr. **118**, 15, 1921; **131**, 390, 1922; Dissertation Stockholm 1923; *v. Euler*, Arkiv för Kemi **9**, 4, 1927.

natürlichen Eiweißsynthese sind, machte ich einen Versuch, um festzustellen, ob ein Unterschied zwischen Nitrilen und Oxynitrilen bezüglich der Assimilierbarkeit durch meine Versuchspflanzen bestehen könnte.

Das Oxynitril erweist sich als bedeutend vorteilhafter, was als eine Stütze für *Treubs* Anschauungen über die Eiweißsynthese (S. 3) angesehen werden könnte. Es schien mir nun von Interesse, das Oxynitril mit einer früher untersuchten, guten N-Quelle zu vergleichen. Dafür wählte ich Ammoniumcarbonat.

Versuch 109.

Material: Grüne Weizenkeimpflanzen, die letzten 14 Stunden im Licht.

Infiltriert mit   I.   0,01 mol. $(NH_4)_2CO_3$; p_H: 6,4.

II.   0,02 mol. $CH_3 . CH . OH . CN$; p_H: 6,2.

	mg Eiweiß-N pro g Trockensubstanz nach					
	8 Min.	1 Std.	3 Std.	4 Std.	5 Std.	6 Std.
I.	44,2	44,0	45,0	46,8	46,9	46,3
II.	44,0	44,3	44,9	47,3	47,0	46,5
Differenz . .	+ 0,2	— 0,3	+ 0,1	— 0,5	— 0,1	— 0,2

Der Unterschied zwischen diesen beiden Stoffen liegt innerhalb der möglichen Versuchsfehler.

Es schien mir jetzt von Interesse, festzustellen, ob irgendein Unterschied zwischen Oxynitril als solchem und Oxynitril in Gegenwart von Stoffen, die leicht Ammoniak abspalten, nachgewiesen werden könnte. Wäre *Treubs* Auffassung richtig, so würde sich vielleicht ein solcher Unterschied nachweisen lassen, wenigstens zu Beginn der Versuche, bevor eine bei der Verseifung der Nitrilgruppen für jene Synthese genügende NH_3-Menge abgespalten wäre. Ich machte also folgende Versuche:

Versuch 110.

Material: Etiolierte Weizenkeimpflanzen.

Infiltriert mit   I.   0,005 mol. Glucose + 0,01 mol. $(NH_4)_2CO_3$; p_H: 6,0.

II.   0,005 mol. Glucose + 0,005 mol. $(NH_4)_2CO_3$ + 0,01 mol. $CH_3 . CH . OH . CN$; p_H: 6,0.

	mg Eiweiß-N pro g Trockensubstanz nach					
	9 Min.	1 Std.	4 Std.	5 Std.	5 Std. 38 Min.	6 Std. 23 Min.
I.	37,3	38,0	—	38,7	39,7	40,6
II.	37,9	38,4	39,0	39,0	—	40,8
Differenz . .	— 0,6	— 0,4	—	— 0,3	—	— 0,2

Versuch 111.

Material: Grüne Weizenkeimpflanzen, die letzten 15 Stunden im Licht.

Infiltriert mit   I.   0,01 mol. $CO(NH_2)_2$; p_H: 7,0.

                     II.   0,005 mol. $CO(NH_2)_2 + 0,01$ mol. $CH_3 . CH . OH . CN$; p_H: 7,0.

	mg Eiweiß-N pro g Trockensubstanz nach						
	9 Min.	1 Std.	3 Std.	4 Std.	5 Std.	5 Std. 38 Min.	5 Std. 54 Min.
I.	42,7	42,3	43,8	—	45,4	45,7	45,4
II.	42,4	42,7	44,7	44,4	45,8	45,2	44,8
Differenz . .	+ 0,3	— 0,4	— 0,9	—	— 0,4	+ 0,5	+ 0,6

Versuch 112.

Material: Grüne Weizenkeimpflanzen, die letzten 17 Stunden im Licht.

Infiltriert mit   I.   0,01 mol. $(NH_4)_2CO_3$; p_H: 7,0.

                     II.   0,005 mol. $(NH_4)_2CO_3 + 0,01$ mol. $CH_3 . CH . OH . CN$; p_H: 7,0.

	mg Eiweiß-N pro g Trockensubstanz nach					
	9 Min.	1 Std. 11 Min.	4 Std. 9 Min.	5 Std. 7 Min.	5 Std. 39 Min.	6 Std. 9 Min.
I.	45,8	46,1	46,9	46,4	48,3	47,5
II.	46,3	45,8	46,4	46,7	48,7	47,7
Differenz . .	— 0,5	+ 0,3	+ 0,5	— 0,3	— 0,4	— 0,2

Die bei diesen Versuchen verglichenen Lösungen sind innerhalb der möglichen Versuchsfehler gleichwertig.

Durch den Erweis eines großen Unterschiedes zwischen Nitrilen und Oxynitrilen gewann *Treubs* Hypothese über Cyanwasserstoff als Ausgangsstoff für die Eiweißsynthese der Pflanzen an Glaubwürdigkeit. Deshalb machte ich folgenden Versuch mit Cyanwasserstoff.

Versuch 113.

Material: Etiolierte Weizenkeimpflanzen.

Infiltriert mit   I.   0,005 mol. Glucose.

                     II.   0,005 mol. Glucose $+ 0,02$ mol. HCN.

	mg Eiweiß-N pro g Trockensubstanz nach		
	9 Min.	4 Std.	6 Std.
I.	39,6	39,6	40,1
II.	39,6	39,3	39,8
Differenz . .	± 0,0	+ 0,3	+ 0,3

Das negative Ergebnis kann zwei verschiedene Ursachen haben. Entweder ist der HCN für die Eiweißsynthese deshalb nicht verwertbar, weil er aus strukturchemischen Gründen von den Enzymen der Weizenkeimpflanzen nicht angegriffen werden kann, oder er könnte zwar von diesen verwertet werden, inaktiviert aber die Oxydationskatalysatoren, durch deren Tätigkeit die für die Eiweißsynthese nötige Energie erzeugt wird.

Um festzustellen, ob die zweite dieser beiden Alternativen in der Tat zutreffen könnte, wurde folgender Versuch gemacht:

Versuch 114.

Material und Infiltration wie beim vorigen Versuch.

30 g der mit den beiden Lösungen infiltrierten Blätter wurden mit einer Genauigkeit von ± 1 g gewogen und in zwei 250 ccm-*Dewar-Weinhold*-Gefäße eingeführt. Die Temperatur wurde mit *Beckmann*-Thermometern etwa alle 15 Minuten gemessen. Die Resultate gehen aus folgenden Kurven hervor:

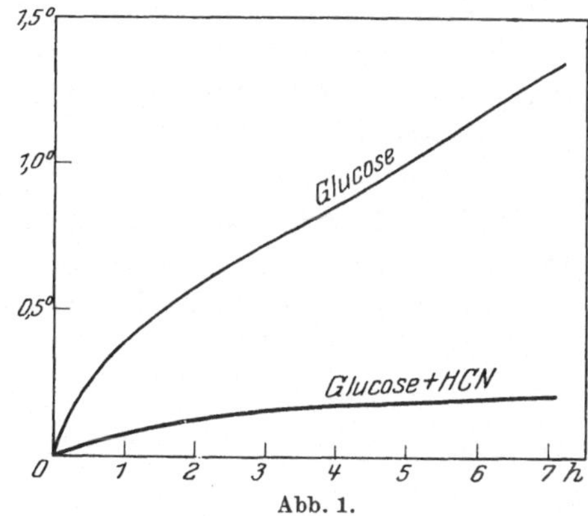

Abb. 1.

Aus dem Versuch ist ersichtlich, daß in den mit HCN infiltrierten Blättern die Wärmeentwicklung stark gehemmt ist.

Um dieses Ergebnis sicherzustellen, wurde ein ähnlicher Versuch mit grünen Blättern ausgeführt:

Versuch 115.

Material: Je 35 g grüne Blätter, die letzten 16 Stunden im Licht.

Infiltriert mit I. H_2O.

II. 0,02 mol. HCN.

Die Blätter wurden nach der Infiltration in mit *Beckmann*-Thermometern versehene 200 ccm - *Dewar* - *Weinhold* -Gefäße eingeführt, die Temperatur wurde alle 15 Minuten abgelesen. Mit beiden Lösungen wurden zwei Versuche gleichzeitig gemacht. Die Ergebnisse sind aus Abb. 2 ersichtlich.

Der Verlauf der Kurven ist in der Hinsicht bemerkenswert, daß eine scharfe Hemmung der Wärmeentwicklung bei den mit HCN infiltrierten Blättern erst nach zwei bis drei Stunden erfolgt. Man hat den Eindruck, daß eine Zwischenreaktion der Oxydationsvorgänge durch HCN verhindert wird; diejenige Substanzmenge, die die fragliche Zwischenreaktion schon durchgemacht hat, wird weiter oxydiert, aber wenn sie verbraucht ist, kann keine weitere Verbrennung stattfinden.

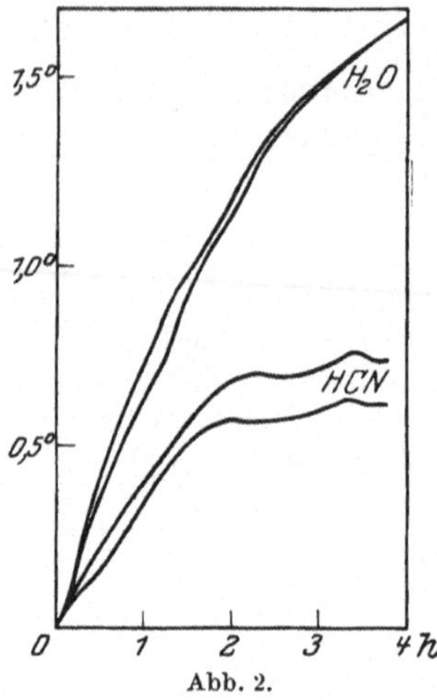

Abb. 2.

Mehrere kalorimetrische Versuche sind in meinem Laboratorium ausgeführt worden; in einer späteren Publikation will ich über diese näher berichten. Jetzt sei nur erwähnt, daß weder Nitrile, Oxynitrile, noch andere von mir in dieser Hinsicht untersuchte Stoffe eine so starke Hemmung der Wärmeentwicklung in den Blättern hervorriefen, wie die beim obigen Versuch durch HCN erzielte.

Schließlich seien hier noch zwei Versuche mit Dicyandiamid erwähnt; dieser Stoff scheint auch nicht als N-Quelle für die Eiweißsynthese der höheren Pflanzen in Betracht zu kommen.

Versuch 116.

Material: Grüne Weizenkeimpflanzen, die letzten 16 Stunden im Licht.

Infiltriert mit   I. H_2O.

II.   0,005 mol. $C\underset{\diagdown NH.C\vdots N}{\overset{\diagup NH_2}{:}NH}$; p_H: 6,0.

	mg Eiweiß-N pro g Trockensubstanz nach						
	9 Min.	1 Std.	3 Std.	4 Std.	5 Std.	5½ Std.	6 Std.
I.	46,8	46,5	46,7	45,8	46,1	45,5	45,2
II.	46,3	45,2	45,3	45,3	45,0	44,8	44,6
Differenz . .	+ 0,5	+ 1,3	+ 1,4	+ 0,5	+ 1,1	+ 0,7	+ 0,6

Versuche mit zyklischen Verbindungen.

Benzamid, Benzanilid und Succinimid werden nicht von meinen Versuchspflanzen assimiliert.

Versuch 117.

Material: Grüne Weizenkeimpflanzen, die letzten 15 Stunden bei Licht.
Infiltriert mit I. H_2O.
            II. 0,02 mol. $C_6H_5 . CONH_2$; p_H: 6,3.

	mg Eiweiß-N pro g Trockensubstanz nach					
	16 Min.	1 Std.	3 Std. 22 Min.	4 Std. 17 Min.	5 Std. 10 Min.	5 Std. 40 Min.
I.	49,4	48,8	48,7	49,4	49,9	50,0
II.	48,9	48,9	49,2	48,6	50,1	49,7
Differenz . .	+ 0,5	− 0,1	− 0,5	+ 0,8	− 0,2	+ 0,3

Das negative Ergebnis des obigen Versuchs war unerwartet.
Amidostickstoff ist ja im allgemeinen sehr leicht assimilierbar und die
Benzoesäure soll nach *Bokorny*[1] ebenfalls von höheren Pflanzen ver-
wertbar sein. Der Versuch wurde wiederholt:

Versuch 118.

Material: Grüne Weizenkeimpflanzen, die letzten 17 Stunden bei Licht.
    Infiltriert mit I. H_2O.
            II. 0,02 mol. $C_6H_5 . CONH_2$; p_H: 6,2.

	mg Eiweiß-N pro g Trockensubstanz nach					
	9 Min.	1 Std.	3 Std.	4 Std.	5 Std.	6 Std.
I.	45,6	45,3	45,6	46,0	45,4	45,6
II.	45,0	45,6	45,3	45,9	45,3	45,4
Differenz . .	+ 0,6	− 0,3	+ 0,3	+ 0,1	+ 0,1	+ 0,2

Versuch 119.

Material: Grüne Weizenkeimpflanzen, die letzten 15 Stunden bei Licht.
    Infiltriert mit I. H_2O.
            II. 0,02 mol. $C_6H_5 . CO . NH . C_6H_5$; p_H: 6,2.

	mg Eiweiß-N pro g Trockensubstanz nach							
	9 Min.	1 Std.	3 Std.	4 Std.	5 Std.	5 Std. 12 Min.	6 Std.	6 Std. 13 Min.
I.	45,8	46,4	46,5	46,7	45,9	46,3	46,8	—
II.	45,8	45,8	46,1	46,5	45,6	46,3	47,0	46,7
Differenz . .	± 0,0	+ 0,6	+ 0,4	+ 0,2	+ 0,3	± 0,0	− 0,2	—

[1] Diese Zeitschr. **145**, 306, 1924.

Versuch 120.

Material: Grüne Weizenkeimpflanzen, die letzten 15 Stunden bei Licht.

Infiltriert mit   I.   0,01 mol. $CO(NH_2)_2$; p_H: 5,7.

$$\text{II.} \quad 0,02 \text{ mol.} \quad \begin{matrix} CH_2 . CO \\ | \qquad > NH; \ p_H: 5,6. \\ CH_2 . CO \end{matrix}$$

	mg Eiweiß-N pro g Trockensubstanz nach					
	12 Min.	1 Std.	$3^1/_2$ Std.	$4^1/_2$ Std.	5 Std. 15 Min.	6 Std.
I.	39,3	—	38,7	40,4	41,1	40,6; 40,3
II.	38,7	—	38,5	39,0	39,2	38,8; **38,6**
Differenz . .	+ 0,6	—	+ 0,2	+ 1,4	+ 1,9	+ 1,7

Versuch 121.

Material: Grüne Weizenkeimpflanzen, die letzten 15 Stunden bei Licht.

Infiltriert mit   I. H_2O.

$$\text{II.} \quad 0,02 \text{ mol.} \quad \begin{matrix} CH_2 . CO \\ | \qquad > NH; \ p_H: 6,0. \\ CH_2 . CO \end{matrix}$$

	mg Eiweiß-N pro g Trockensubstanz nach					
	8 Min.	1 Std.	3 Std.	4 Std.	5 Std.	6 Std.
I.	43,7	43,2	43,1	44,4	43,8	43,2
II.	44,0	43,6	43,5	43,7	43,4	43,8
Differenz . .	— 0,3	— 0,4	— 0,4	+ 0,7	+ 0,4	— 0,6

Schließlich seien hier einige meiner ersten Versuche angeführt, die zwar nichts weiteres beweisen, aber jedenfalls die experimentelle Begründung der schon mitgeteilten Tatsachen verstärken:

Versuch 122.

Material: Etiolierte Weizenkeimpflanzen.

Infiltriert mit	mg Eiweiß-N pro g Trockensubstanz nach 4 Std.
H_2O	29,0
0,02 mol. CH_3NH_2HCl	28,8
0,02 „ KNO_3	28,6
0,02 „ CH_3NH_2 $+ 0,06$ mol. Glucose	30,4
0,02 „ KNO_2 $+ 0,06$ „ „	30,0
0,02 „ $C_6H_5NH_2$ $+ 0,06$ „ „	29,2
0,01 „ $(NH_4)_2SO_4$ $+ 0,06$ „ „	29,4
0,02 „ CH_3NH_2HCl $+ CH_3COCOONa$	30,3
0,02 „ KNO_3 $+ CH_3COCOONa$	31,5
0,01 „ $(NH_4)_2SO_4$ $+ CH_3COCOONa$	31,9

Versuch 123.

Material: Grüne N-hungrige Weizenkeimpflanzen. Zuletzt im Licht.

Infiltriert mit	mg Eiweiß-N pro g Trockensubstanz nach	
	0 Std.	6 Std.
0,02 mol. $NaNO_2$	44,3	49,1
0,02 „ Acetaldehydammoniak . . .		51,2
0,02 „ Alanin		46,8
0,01 „ $(NH_4)_2SO_4$		47,2
0,01 „ $(COONH_4)_2$		43,5

Versuch 124.

Material: Grüne N-hungrige Pflanzen. Zuletzt im Licht.

Infiltriert mit	mg Eiweiß-N pro g Trockensubstanz nach	
	0 Std.	6 Std.
H_2O	40,8	40,0; 40,3
0,02 mol. KNO_3		41,9
0,01 „ $(NH_4)_2SO_4$		41,8
0,01 „ $(NH_4)_2CO_3$		44,3

Wirkt Belichtung auf den Verlauf der Eiweißsynthese bei höheren Pflanzen ein?

Daß höhere Pflanzen auch im Dunkeln Eiweiß bilden können, ist eine längst bekannte Tatsache[1]. Es ist jedoch nachgewiesen, daß die Eiweißbildung auch beim Züchten in CO_2-freier Luft mehr als dreimal intensiver bei Licht als im Dunkeln erfolgt[2]. Diese Lichtwirkung bezieht sich auf die ultravioletten Strahlen; die bei der Chlorophylltätigkeit wirksamen Strahlen beeinflussen nicht die Eiweißbildung bei den in CO_2-freier Luft gezüchteten Pflanzen[3].

Es schien mir von Interesse, die bei tagelanger Versuchsdauer gemachten Beobachtungen der oben zitierten Autoren mittels der in der vorliegenden Arbeit verwendeten Methodik nachzuprüfen. Die Überlegenheit der Infiltrationsmethode, als es sich darum handelte, einen

[1] *Boussingault*, Agronomie usw. **7**, 130, 1884; *Godlewski*, Anzeig. Akad. Krakau 1897, S. 104; *Derselbe*, Bot. Zentralbl. **87**, 281, 1901; *Suzuki*, Bull. Coll. Agric. Tokyo **2**, 409; **3**, 241, 1898; Bot. Zentralbl. **75**, 289, 1898; *W. Zaleski*, Ber. Bot. **15**, 536, 1897; *J. Kinoshita*, Bull. Coll. Agric. Tokyo **2**, Nr. 4, 1897; *Mazé*, Compt. rend. **127**, 1031; **128**, 185 (1899); *Palladin*, Bericht über bot. Sekt. Naturforschervers. Kiev 1898; Bot. Zentralbl. **77**, 60, 1899.

[2] *Maliniak*, Rev. gén. Bot. **12**, 337, 1900; *Godlewski*, Bull. Acad. Sc. Cracovie 1903, S. 313; *S. Wasniewski*, Bull. Acad. Sc. Cracovie 1914, S. 615.

[3] *Laurent, Marchal* et *Carpiaux*, Bull. Acad. Roy. Belg. **32**, 815, 1896; *Laurent* et *Marchal*, Rech. sur la synthèse des subst. album. par les veget. Bruxelles 1903.

Stoff den Parenchymzellen des Blattes zuzuführen, geht am besten bei dem Vergleich mit *Suzukis* Ergebnissen hervor: *Suzuki*[1] fand bei 1%igen Zuckerlösungen noch keine Eiweißsynthese, während ich mittels 0,06%iger Glucoselösung maximalen Effekt erzielte.

Versuch 125.

Material: Grüne Weizenkeimpflanzen, die letzten 15 Stunden bei Licht. Infiltriert mit 0,01 mol. $CO(NH_2)_2$; p_H: 6.

    I. Pflanzen während des Versuchs: im direkten Sonnenschein.

    II.   ,,   ,,   ,,   ,,   : im Dunkeln.

Temperatur 20° C.

	mg Eiweiß-N pro g Trockensubstanz nach					
	9 Min.	1 Std.	3 Std.	4 Std.	5 Std.	6 Std.
I.	43,7	43,5	43,9	44,9	45,6	45,3
II.	43,3	43,8	43,8	44,8	45,8	45,7
Differenz . .	+ 0,4	− 0,3	+ 0,1	+ 0,1	− 0,2	− 0,4

Versuch 126.

Material: Grüne Weizenkeimpflanzen, die letzten 15 Stunden bei Licht. Infiltriert mit 0,01 mol. $(NH_4)_2CO_3$; p_H: 7,0.

    I. Pflanzen während des Versuchs: im direkten Sonnenschein.

    II.   ,,   ,,   ,,   ,,   : im Dunkeln.

Temperatur 21° C.

	mg Eiweiß-N pro g Trockensubstanz nach					
	9 Min.	1 Std.	3 Std.	4 Std.	5 Std.	6 Std.
I.	47,6	47,6	47,9	48,8	49,5	49,6
II.	47,2	48,0	47,8	48,6	49,7	49,3
Differenz . .	+ 0,4	− 0,4	+ 0,1	+ 0,2	− 0,2	+ 0,3

Versuch 127.

Material: Grüne Weizenkeimpflanzen, die letzten 14 Stunden bei Licht. Infiltriert mit 0,02 mol. KNO_2; p_H: 6,3.

    I. Pflanzen während des Versuchs: im direkten Sonnenschein.

    II.   ,,   ,,   ,,   ,,   : im Dunkeln.

Temperatur 22° C.

	mg Eiweiß-N pro g Trockensubstanz nach						
	9 Min.	1 Std.	2 Std.	3 Std.	4 Std.	5 Std.	6 Std.
I.	43,5	43,0	43,4	43,2	45,0	45,3	45,3
II.	43,2	43,7	43,2	43,6	44,4	44,5	44,6
Differenz . .	+ 0,3	− 0,7	+ 0,2	− 0,4	+ 0,6	+ 0,8	+ 0,7

[1] Bot. Zentralbl. **75**, 289, 1898.

Versuch 128.

Material: Grüne Weizenkeimpflanzen, die letzten 14 Stunden bei Licht.
Infiltriert mit 0,03 mol. KNO_2; p_H: 6,7.

I. Pflanzen während des Versuchs: in hellem, diffusem Tageslicht, im Freien.
II.   „   „   „   „   : im Dunkeln.
Temperatur 16⁰ C.

	mg Eiweiß-N pro g Trockensubstanz nach			
	10 Min.	4 Std.	5 Std.	6 Std.
I.	48,7	48,2	50,9	51,7; 51,7
II.	49,3	49,0	51,3	51,7; 51,2
Differenz	— 0,6	— 0,8	— 0,4	+ 0,3

Versuch 129.

Material: Grüne Weizenkeimpflanzen, die letzten 14 Stunden bei Licht.
Infiltriert mit 0,03 mol. KNO_3; p_H: 6,7.

I. Pflanzen während des Versuchs: im direkten Sonnenschein.
II.   „   „   „   „   : im Dunkeln.
Temperatur 22⁰ C.

	mg Eiweiß-N pro g Trockensubstanz nach					
	8 Min.	1 Std.	3 Std.	4 Std.	5 Std.	6 Std.
I.	42,9	43,2	43,4	—	44,0	44,3
II.	42,3	42,9	—	43,7	43,5	43,5
Differenz . .	+ 0,6	+ 0,3	—	—	+ 0,5	+ 0,8

Versuch 130.

Material: Grüne Weizenkeimpflanzen, die letzten 12 Stunden bei Licht.
Infiltriert mit 0,03 mol. KNO_3; p_H: 6,3.

I. Pflanzen während des Versuchs: in hellem, diffusem Tageslicht, im Freien.
II.   „   „   „   „   : im Dunkeln.
Temperatur 15⁰ C.

	mg Eiweiß-N pro g Trockensubstanz nach				
	9 Min.	1 Std.	3 Std.	4 Std.	5 Std. 30 Min.
I.	48,7	48,4	49,0	49,4	49,6
II.	48,5	48,0	49,2	49,0	49,7
Differenz . .	+ 0,2	+ 0,4	— 0,2	+ 0,4	— 0,1

Versuch 131.

Material: Grüne Weizenkeimpflanzen, die letzten 14 Stunden bei Licht.

Infiltriert mit   I.   0,03 mol. KNO_2; p_H: 6,1.

II.   0,015 mol. $CO(NH_2)_2$; p_H: 5,9.

I. Pflanzen während des Versuchs: im direkten Sonnenschein.

II.   „   „   „   „   : im Dunkeln.

Temperatur 22° C.

	mg Eiweiß-N pro g Trockensubstanz nach					
	9 Min.	1 Std.	3 Std.	4 Std.	5 Std.	6 Std.
I.	42,7	42,5	43,1	—	45,0	44,7
II.	42,2	42,6	42,5	45,1	45,3	44,5
Differenz . .	+ 0,5	— 0,1	+ 0,6	—	— 0,3	+ 0,2

Bei sämtlichen Versuchen wurde die Temperatur sowohl im Dunklen wie bei Licht stündlich kontrolliert. Durch Annähern oder Entfernen der Pflanzen von der Heizung sowie durch Eintauchen der Kristallisierschalen, in welchen die Blätter sich befanden, in Gefäße mit Wasser wurde mit einer Genauigkeit von ± 1° auf die Gleichmäßigkeit der Temperatur geachtet.

Aus obigen Versuchen geht hervor, daß die Eiweißsynthese aus Carbamid oder Ammoniumcarbonat unabhängig von der Belichtung ist.

Dasselbe ist der Fall bei Nitraten und Nitriten in diffusem Tageslicht. Nach den Versuchen 127 und 129 (S. 66 und 67) hat es den Anschein, als ob die Eiweißsynthese aus — NO_2 und — NO_3 bei direktem Sonnenschein etwas schneller als im Dunkeln erfolgte. Diese Versuche wurden im Mai ausgeführt, und der Sonnenschein erwärmte schon so stark, daß selbst bei sorgfältigster Achtung auf die Gleichmäßigkeit der Temperatur die Möglichkeit besteht, daß die belichteten Blätter auf ihren Oberflächen wärmer als die unbelichteten waren. Die entsprechenden Versuche mit Carbamid und Ammoniumcarbonat wurden im Januar und Februar ausgeführt.

Es sei betont, daß die Belichtungsintensität auch bei den Versuchen in diffusem Tageslicht größer war als diejenige vieler natürlicher Standorte, wo der Weizen gut gedeiht.

Die von *Godlewski, Wasniewski, Laurent, Marchal* und *Carpiaux* (l. c. S. 65) nachgewiesene große Beschleunigung der Eiweißbildung bei Licht und langer Versuchsdauer ist auf ganz andere Erscheinungen zurückzuführen.

Die formative Einwirkung des Lichtes auf Pflanzen ist allbekannt. Eine der wesentlichsten Ursachen dieser Erscheinung ist, daß Beleuchtung, besonders bei kurzwelligen Strahlen, die Zellteilung in

hohem Maße beschleunigt[1]. Stark belichtete Pflanzen enthalten folglich
mehr, jedoch kleinere Zellen als die schwach belichteten, wovon sich
jeder durch Vergleich mikroskopischer Schnitte aus Blättern der
Sonnenform und der Schattenform einer Pflanzenart leicht über-
zeugen kann. Hierdurch entsteht der feste, gedrängte Typ der stark
belichteten Pflanzen. Viele kleine Zellen enthalten mehr Protoplasma
als eine große Zelle desselben Gesamtumfanges. Deshalb ist auch der
Eiweißgehalt *sowie der Stickstoffbedarf* einer bei Licht gezüchteten
Pflanze viel größer als einer im Dunkeln gezogenen. Bei meiner Arbeit
hatte ich mehrfach Gelegenheit, festzustellen, daß Blätter, je stärker sie
belichtet wurden, um so größeren prozentualen Eiweißgehalt aufwiesen.
Daraus geht hervor, daß die durch Belichtung hervorgerufene intensive
Zellteilung den Eiweißbedarf in sehr hohem Maße steigert, da ja durch
die CO_2-Assimilation der Pflanzen auch ihr Gehalt an Kohlenhydraten
bei Licht zunimmt.

Wenn eine Pflanze belichtet wird, steigt also ihr Eiweißbedarf
in hohem Maße. Die Differenz zwischen Bedarf und Versorgung
eines Stoffes, jene physiologische Spannung, die ein so wichtiger
Faktor bei den Biosynthesen ist, ist also in betreff der Eiweißstoffe
bei Licht viel größer als im Dunkeln. Deshalb wird die Eiweißsynthese
der Pflanzen durch kurzwelliges Licht beschleunigt; nicht weil jene
Synthese ein lichtchemischer Vorgang wäre.

Bei meinen Versuchen, bei denen mit Keimpflanzen gearbeitet wird,
die in N-freier Nährlösung gezüchtet wurden, ist der N-Hunger der
Versuchspflanzen auch ohne Belichtung genügend groß, um eine
maximale Eiweißsynthese zu bewirken.

Versuche über den Verlauf der Eiweißsynthese.

Bei der Mehrzahl meiner Versuche habe ich nur Eiweiß-N, nicht
Amido-, Amino-, Ammoniak- und Gesamt-N bestimmt. Der Zweck der
vorliegenden Arbeit ist ja eine Orientierung über den Weg der natürlichen Eiweißsynthese. Dieses Ziel wurde durch Eiweißbestimmungen
erreicht. Hätte ich bei sämtlichen meiner Versuche auch den in anderer
Weise gebundenen Stickstoff bestimmt, wäre die vorliegende Untersuchung, an der ich 2½ Jahre arbeitete, sicher nicht einmal in doppelt so
langer Zeit zu erledigen gewesen. Ich finde es deshalb zweckmäßiger,
bei einer besonderen späteren Untersuchung mittels einer anderen
Methodik die Eiweißsynthese aus einigen wenigen N- und C-Quellen in
Einzelheiten mit besonderer Rücksicht auf die Zwischenstufen zu
studieren. Ich habe jedoch auch in der vorliegenden Arbeit bei einigen
Versuchen den Stickstoff vollständig bestimmt.

---

[1] *Klebs*, Sitzungsber. Heidelberger Akad. 1916, 1917 u. a.

                J. Björkstén:

Versuch 132.

Material: Etiolierte Weizenkeimpflanzen.

Infiltriert mit I. 0,01 mol. $CO(NH_2)_2$; p_H: 7,2.

II. 0,02 mol. $CH_3 . NH_2 . HCl$; p_H: 7,0.

Zeit	Durch $Ca(OH)_2$ bei 30° abspaltbarer N in mg		$-ONH_2$ in mg		$-NH_2$ in mg		Veränderung des Eiweiß-N (aus Vers. Nr. 72, S. 48) in mg	
	I.	II.	I.	II.	I.	II.	I.	II.
9 Min. . . .	2,7	2,4	7,4	5,7	7,3	7,9	0	0
1 Std. . . .	2,5	2,6	7,8	6,0	6,5	6,2	0	— 0,3
3 „ . . .	1,9	2,6	6,7	5,1	10,2	10,1	— 0,4	+ 0,2
5 „ . . .	1,8	2,8	5,9	5,6	8,9	9,4	+ 1,8	+ 1,0
6 „ . . .	2,15	3,6	5,7	5,6	8,2	7,3	+ 1,3	+ 1,0

Versuch 133.

Material: Grüne Weizenkeimpflanzen, die letzten 15 Stunden bei Licht.

Infiltriert mit I. 0,02 mol. KNO_2; p_H: 7,2.

II. 0,01 mol. $(NH_4)_2CO_3$; p_H: 7,5.

Zeit	$-ONH_2$ in mg		$-NH_2$ in mg		Veränderung des Eiweiß-N (aus Vers. Nr. 105, S. 57) in mg	
	I.	II.	I.	II.	I.	II.
8 Min. . . .	6,68	8,6	3,5	3,4	0	0
4 Std. . . .	6,4	8,2	4,0	4,8	+ 1,9	+ 2,1
5 „ . . .	6,7	8,3	5,0	5,25	+ 2,0	+ 2,8
6 „ . . .	6,5	9,1	4,3	3,7	+ 1,7	+ 2,8

Versuch 134.

Material: Etiolierte Weizenkeimpflanzen.

Infiltriert mit I. 0,06 mol. Glucose.

II. 0,06 mol. Glucose + 0,02 mol. HCN.

Zeit	$-ONH_2$ in mg		$-NH_2$ in mg		Veränderung des Eiweiß-N (aus Vers. Nr. 113, S. 60) in mg	
	I.	II.	I.	II.	I.	II.
9 Min. . . .	10,5	11,0	6,7	7,1	0	0
1 Std. . . .	9,8	10,0	5,5	5,6	—	—
4 „ . . .	10,9	11,8	3,1	3,9	0	— 0,3
6 „ . . .	12,6	9,73, 9,75	4,2	4,6	+ 0,5	+ 0,2

Gesamtstickstoffbestimmungen wurden ebenfalls ausgeführt. Die gefundenen Gesamtstickstoffmengen überstiegen die Summen des Amido- und Amino-N um 1 bis 3 mg. In Pflanzen, denen nicht Ammoniumverbindungen, Nitrat oder Nitrit zugeführt wurden, konnten diese nicht nachgewiesen werden.

Wie ich schon betonte, wurde die bei der vorliegenden Untersuchung verwendete Methodik mit besonderer Rücksicht auf die Eiweißbestimmung ausgearbeitet. Um den gesamten Stickstoff einwandfrei untersuchen zu können, muß man das Erhitzen und das Trocknen der Präparate vermeiden, z. B. in der Weise, wie es *Mothes*[1] bei seinen Untersuchungen über den NH_3-Umsatz höherer Pflanzen macht. Es ist meine Absicht, in einer künftigen Arbeit den Verlauf der Eiweißsynthese aus zwei oder drei der in dieser Arbeit untersuchten Stoffe mit einer derartigen Methodik auf das genaueste zu verfolgen.

Aus obigen Analysen geht aber recht deutlich hervor, daß bei den Versuchen 132 und 133, wo eine Eiweißsynthese stattfand, Aminostickstoff gebildet wurde, um wieder zu schwinden, während bei dem Versuch 134, wo keine Synthese erfolgte, der Gehalt an Aminostickstoff in der Mitte des Versuchs am geringsten war. Dieses deutet darauf hin, daß Aminosäuren bei der Eiweißsynthese intermediär gebildet werden und daß die von *Abderhalden* und *Schwab*[2] hervorgehobene Möglichkeit einer direkten Bildung von Diketopiperazinen aus Ammoniak und Kohlenhydraten in der Tat nicht zutrifft.

Orientierender Versuch über die Möglichkeit einer Eiweißsynthese in vitro.

In meinen N-hungrigen Weizenkeimpflanzen besitze ich ein Material, das in vitro Eiweiß aus anorganischen N-Quellen in kurzer Zeit synthetisiert.

Zwecks Untersuchung betreffs der Möglichkeit, Eiweißsynthese auch mittels toten Pflanzenmaterials zu erzielen, wurde folgender Versuch gemacht:

Versuch 135.

Grüne, die letzten 15 Stunden im Licht gezüchtete N-hungrige Weizenkeimpflanzen wurden mit einer 0,015 mol. $CO(NH_2)_2$-Lösung infiltriert. Eine für zwei Bestimmungen genügende Menge Keimpflanzen wurde abseits gelegt, den größten Teil der infiltrierten Blätter übergoß ich mit flüssiger Luft. Hierdurch wurden die Zellen der Blätter zersprengt und das Plasma getötet. Nach dieser Behandlung bewahrte ich die Blätter bei etwa 20^0 auf und bestimmte ihren Eiweißgehalt nach verschiedenen Zeiten.

Der Befund ergab:

	mg Eiweiß-N pro g Trockensubstanz nach			
	20 Min.	1 Std.	2 Std.	4 Std.
Lebende Blätter	42,9	—	—	45,8
Tote Blätter	42,7	42,2	41,4	40,3

[1] Planta 1, 472, 1926.
[2] H. **139**, 173, 1924.

Aus dem Kontrollversuch mit lebenden Blättern geht hervor, daß bei diesen die Eiweißsynthese in normaler Weise stattfand.

Der Versuch mit toten Blättern beweist, daß die Proteasen durch die Behandlung mit flüssiger Luft nicht geschädigt werden. Daß keine Eiweißsynthese nach dem Töten der Blätter stattfand, könnte wohl davon abhängen, daß die empfindlichen Enzyme, die die energieerzeugenden Verbrennungsreaktionen vermitteln, hierbei zerstört wurden[1]. Wenn man eine Eiweißsynthese in vitro erzielen will, muß man erst ein Mittel finden, die Atmungsenzyme vor Zerstörung beim Töten der Zellen zu schützen.

Diskussion über frühere Hypothesen in betreff des N-Umsatzes höherer Pflanzen auf Grund meiner Ergebnisse.

Die Fähigkeit meiner Versuchspflanzen, in chemischer Beziehung grundverschiedene Verbindungen für die Eiweißsynthese zu verwerten, beweist eine ungemein große Anpassungsfähigkeit für verschiedene N-Quellen. Ich halte es für angebracht, die Synthese aus verschiedenen N-Quellen in der Folge getrennt zu behandeln.

Die geringe Verwertbarkeit der Amine und Nitrate beweist meiner Ansicht nach, daß diese Stoffe nicht als direkt verwertbare N-Quellen für die Eiweißsynthese meiner Versuchspflanzen in Betracht kommen.

Aminosäuren sind nach sämtlichen Hypothesen über die Eiweißsynthese der höheren Pflanzen sekundäre Produkte. Die primären N-Quellen teile ich in folgende drei Kategorien ein:

1. Amide und Ammoniumsalze der organischen Säuren. Diese Stoffe behandle ich in der Folge gemeinsam, weil sie chemisch einander sehr nahe stehen und deshalb wahrscheinlich von den Pflanzen in analoger Weise verwertet werden. Sie kommen in den Pflanzenorganismen häufig vor. Bei den Hypothesen, in denen Ammoniak eine wesentliche Rolle spielt, muß wohl angenommen werden, daß dieses oft durch Zerlegung jener Stoffe entsteht.

2. Oxynitrile beanspruchen eine getrennte Behandlung, erstens, weil sie etwa ebensogut wie Amide verwertet werden, ohne jedoch jenen in chemischer Beziehung ganz nahe verwandt zu sein; zweitens, weil sie nach *Treubs* Untersuchungen über den N-Stoffwechsel HCN-haltiger Pflanzen ein ganz besonderes Interesse beanspruchen dürfen.

3. Nitrite, die sich von den früher erwähnten Stoffen in chemischer Beziehung scharf unterscheiden, die in der Natur eine sehr allgemeine

---

[1] Betreffs Kälteinaktivierung der Atmungsenzyme vgl. *Thunberg*, Skand. Archiv f. Physiol. **40**, 71, 1920.

N-Quelle sind und über deren Verwertbarkeit für die Eiweißsynthese der höheren Pflanzen *Baudisch* und *Baly* und deren Mitarbeiter interessante Untersuchungen veröffentlicht haben.

Eiweißsynthese aus Amiden und Ammoniumverbindungen.

Zuerst sei hier betont, daß ich bereits nachgewiesen habe (S. 65), daß Licht auf den Verlauf der Eiweißsynthese aus diesen Stoffen nicht einwirkt. Hiermit dürften die Hypothesen, für welche die Lichtwirkung etwas grundwesentliches bedeutet, ausscheiden. In erster Linie trifft dieses *W. Löbs* Hypothese, aber auch *Hupperts* Darlegungen werden davon berührt.

In Anbetracht dessen, daß Acet- und Formaldehyd sich nicht als C-Quellen für die Eiweißsynthese verwerten lassen, erscheinen *G. Triers* und *O. Loews* Hypothesen sehr zweifelhaft. Wenn *Triers* Hypothese richtig wäre, so hätten auch die Versuche mit Glykolsäure als C-Quelle ein positives Resultat ergeben müssen.

Die Tatsache, daß Brenztraubensäure die einzige der untersuchten Ketosäuren ist, die für die Eiweißsynthese verwertet wird, stimmt mit *Erlenmeyer-Kunlins* Hypothese nicht gut überein. Nach dieser Hypothese entstehen ja sämtliche für die Eiweißbildung nötigen Aminosäuren aus den entsprechenden Ketosäuren.

Obgleich Glykokoll als auch α-Aminobuttersäure als N-Quellen gut verwertbar sind (Versuch 82 und 85, S. 50 u. 51), fand jedoch keine Eiweißbildung bei den Versuchen mit Glyoxylsäure oder Propionyl-ameisensäure statt. Ich schließe hieraus, daß jene Aminosäuren nicht aus den entsprechenden Ketosäuren entstehen, wie nach *Erlenmeyer-Kunlins* Hypothese zu erwarten wäre. Es besteht jedoch die Möglichkeit, daß Brenztraubensäure mit Ammoniak eine Aminosäure bildet, die durch Kondensationsreaktionen sämtliche übrigen Eiweißbausteine ergibt. — Es ist *Triers* Verdienst, hervorgehoben zu haben, welche Bedeutung die Bildung einer Aminosäure hat, deren endständiges C-Atom eine leicht ersetzbare Gruppe bindet. Aus diesem Grunde schreibt *Trier* dem Serin eine große Bedeutung bei der Bildung vieler sogenannter Alaninderivate zu.

Ich kann, aus demselben Grunde wie *Trier*, nicht glauben, daß Alanin diejenige Aminosäure sei, die aus Brenztraubensäure primär gebildet wird, obwohl es *Skita* und *Wulff*[1] sowie *Aubel* und *Bourguel*[2] gelungen ist, diese Reaktion mit Pt bzw. Pd als Katalysator in guter Ausbeute zu realisieren. Ich bin eher geneigt, die α-Aminoacrylsäure als den einfachsten N-haltigen Eiweißbaustein zu betrachten. Diese Säure ergibt ja auch durch einfache Wasseranlagerung Serin.

---

[1] Ann. **453**, 198, 1927.
[2] Compt. rend. **186**, 1844, 1928.

Man könnte sich die Bildung der α-Aminoacrylsäure nach folgender schematischen Reaktionsgleichung denken:

Enolform der
Brenztraubensäure   α-Aminoacrylsäure
$$CH_2 \qquad\qquad CH_2$$
$$\overset{..}{C}.OH + NH_2H \longrightarrow \overset{..}{C}.NH_2 + H_2O$$
$$\overset{.}{C}OOH \qquad\qquad \overset{.}{C}OOH$$

Die hierdurch entstandene Aminosäure wäre in Anbetracht ihres ungesättigten Zustandes sehr reaktionsfähig. Die α-Aminoacrylsäure dürfte nicht hergestellt sein. Die entsprechenden Br- und Cl-Verbindungen sind bekannt[1] und recht unbeständig.

Die hervorragenden und interessanten Untersuchungen von *Prianischnikow*, *Mothes* u. a. haben die Bedeutung des Ammoniaks beim N-Umsatz höherer Pflanzen derart betont, daß man die Möglichkeit eines direkten Teilnehmens der Amide bei der Eiweißsynthese gänzlich übersehen hat. Eine solche Möglichkeit besteht doch. Die Bildung der α-Aminoacrylsäure könnte z. B. in folgender Weise stattfinden:

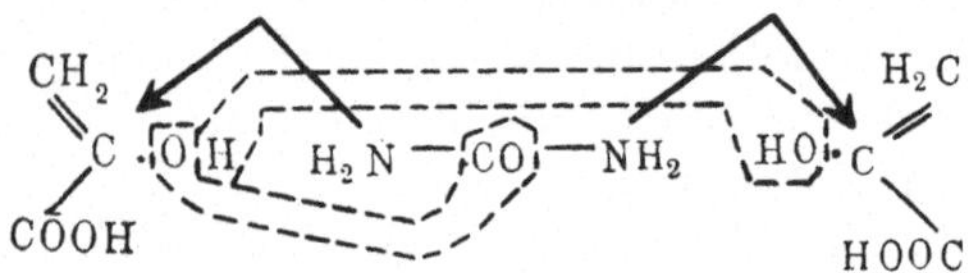

Die Bedeutung des Harnstoffes wird in der neuesten Literatur wiederholt hervorgehoben[2]. Es ist meiner Ansicht nach nicht ausgeschlossen, daß Urease in den Zellen der Pflanzen auch eine synthetische Funktion hat, wie ja *Kiesel*[3] und *Fosse*[4] annehmen. Die Umkehrbarkeit der enzymatischen Harnstoffspaltung ist ja jetzt mit Sicherheit erkannt[5].

Auch die biologische Bedeutung der Brenztraubensäure wird von zahlreichen Autoren betont[6]. Die biologische Bildung dieser Säure durch niedere Organismen wurde durch *Neuberg* und *Kobel*[7] sowie

---

[1] *Beilsteins* Handb. org. Chem. Berlin 1920. Bd. II, S. 402, 401.

[2] *Fosse*, Compt. rend. **155**, 851, 1912; **156**, 263, 567, 1913; *Ivanoff*, diese Zeitschr. **135**, 9, 1922; **136**, 1, 9, 1922; **143**, 62, 1922; **150**, 115, 1924; **154**, 376, 391, 1924; **157**, 229, 1924; **162**, 425, 1925; **175**, 181, 1926; *Bokorny*, ebendaselbst **132**, 197, 1922; *Klein* u. *Tauböck*, Österr. bot. Zeitschr. **76**, 195, 1927; *Tauböck*, ebendaselbst **77**, 43, 1927.

[3] H. **75**, 169, 1911; **118**, 267, 1922.

[4] Ann. Inst. Pasteur **34**, 762, 1920.

[5] *Barendrecht*, Rec. trav. chim. P. B. **39**, 76, 603, 1920; **40**, 66, 1921; *Mack* u. *Villars*, Journ. Amer. Chem. Soc. **45**, 501, 1923.

[6] *Klein* u. *Fuchs*, diese Zeitschr. **213**, 40, 1929. Vgl. dort weitere Literatur.

[7] *C. Neuberg* u. *M. Kobel*, Ebendaselbst **216**, 493, 1929; Naturw. **18**, 427, 1930.

durch *Kostytschew* und Mitarbeiter[1] nachgewiesen. *Irene St. Neuberg*[2] hat für die Existenz der Enolform der Brenztraubensäure chemische Beweise beigebracht. *Bergmann* und *Grafe*[3] haben jüngst gezeigt, daß Derivate der α-Aminoacrylsäure durch Einwirkung von Brenztraubensäure auf Acetamid gebildet werden können.

Ich könnte leicht die theoretischen Spekulationen in oben angedeuteter Richtung fortsetzen; auch wäre es nicht schwierig, Formeln für die Bildung der verschiedensten Eiweißbausteine aus α-Aminoacrylsäure zu schreiben, in gleicher Weise wie *Franzen*[4] *Treubs* Hypothese ausgebaut hat. Ich verzichte hierauf, weil ein weiteres Theoretisieren, das sich nicht auf Experimente gründet, nur ein Spiel mit Formeln wäre.

Nach obigen Darlegungen ist auch einzusehen, weshalb andere Ketosäuren als die Brenztraubensäure nicht als C-Quellen der Eiweißsynthese verwertbar sind. Die Glyoxylsäure bildet keine Enolform, deren Oxygruppe nach obigen Gleichungen reagieren könnte, und bei den höheren Homologen der Brenztraubensäure würde bei der oben beschriebenen Reaktion keine endständige Doppelbindung entstehen, was aber für weitere Kondensationsvorgänge notwendig sein könnte.

Eiweißsynthese aus Oxynitrilen.

Oxynitrile sind nach *Treubs* Hypothese Zwischenprodukte bei der Eiweißbildung. Daß Oxynitrile von meinen Versuchspflanzen sich leicht verwerten ließen, zeigt, daß HCN auch von Pflanzen, in denen es bisher nicht nachgewiesen wurde, verwertet werden kann, wenn es nur sofort nach der Bildung durch Aldehyd gebunden wird. Es wäre also von diesem Gesichtspunkte aus möglich, daß der Unterschied im N-Stoffwechsel der HCN-haltigen und der übrigen Pflanzen nur von einem relativen Unterschied in der Bildungsgeschwindigkeit von HCN und Aldehyd bedingt wäre.

Eine weitere Verarbeitung der Oxynitrile nach *Streckers* Reaktion, wie sie *Treub* annimmt, halte ich jedoch, wenigstens bei meinen Versuchspflanzen, für kaum zutreffend. Ich habe nachgewiesen (Versuch 108 bis 112, S. 58 bis 60, daß die Synthese ebenso glatt vor sich geht, wenn nur Oxynitril den Pflanzen zugeführt wird, wie es mit Oxynitril + Ammoniakquelle der Fall ist. Hierdurch ist eine Ammoniakaddition an Oxynitril, wodurch nach *Treub* ein Aminosäurenitril gebildet würde:

$$\text{CH}_2 \overset{\diagup \text{OH}}{\underset{\diagdown \text{CN}}{}} + \text{NH}_3 \longrightarrow \text{CH}_2 \overset{\diagup \text{NH}_2}{\underset{\diagdown \text{CN}}{}} + \text{H}_2\text{O}$$

---

[1] H. **176**, 287, 1928; **188**, 127, 1930; *P. Eliasberg*, ebendaselbst **189**, 254, 1930.

[2] Diese Zeitschr. **219**, 165, 1930.

[3] H. **187**, 187, 1930.

[4] Sitzungsber. Heidelberger Akad. 1910.

unwahrscheinlich geworden. Daß die Nitrilgruppen erst verseift würden und das hierbei entstandene Ammoniak mit den Oxysäuren Aminosäuren ergäbe, etwa nach der Gleichung:

$$\mathrm{CH_2}\!\!\begin{array}{l} \diagup \mathrm{OH} \\ \diagdown \mathrm{CN} \end{array} + 2\,\mathrm{H_2O} \longrightarrow \mathrm{CH_2}\!\!\begin{array}{l} \diagup \mathrm{OH} \\ \diagdown \mathrm{COOH} \end{array} + \mathrm{NH_3} \longrightarrow \mathrm{CH_2}\!\!\begin{array}{l} \diagup \mathrm{NH_2} \\ \diagdown \mathrm{COOH} \end{array} + \mathrm{H_2O}$$

ist nicht anzunehmen, weil ich bewiesen habe (S. 32), daß Oxysäuren nicht als C-Quellen für die Eiweißsynthese direkt verwertbar sind.

Die Möglichkeit besteht jedoch, daß zuerst ein kleiner Teil des Oxynitrils verseift würde; die hierbei entstandene Säure geht für die Eiweißsynthese verloren, aber das Ammoniak reagiert nach *Strecker* mit Oxynitril, wodurch mehr Ammoniak frei wird usw.

Meiner Ansicht nach würde dieser Vorgang jedoch nicht ebenso glatt verlaufen wie die Synthese aus Oxynitril $+ \mathrm{NH_3}$-Quelle; und wenn man annimmt, daß $\mathrm{NH_3}$ zuerst frei wird, ist es doch eher anzunehmen, daß dieses als solches oder als Amid in derselben Weise wie bei der Verfütterung von Amiden oder Ammoniumsalzen verwertet wird.

Ich für meinen Teil halte es für durchaus wahrscheinlich, daß Oxynitrile, wenigstens bei meinen Versuchspflanzen, in Amide oder Ammoniumsalze der entsprechenden einfachen aliphatischen Carbonsäuren übergehen. Die Oxygruppe dürfte nur die Rolle spielen, als Haptophor die Enzymwirkung an den sonst nicht angreifbaren Nitrilen zu ermöglichen.

Es fragt sich nun, ob dasselbe auch bei den von *Treub* untersuchten HCN-haltigen Pflanzen zutrifft. Da ich keine Gelegenheit habe, mit jenen Pflanzen zu arbeiten, will ich mich hierüber nicht äußern.

Eiweißsynthese aus Nitriten und Nitraten.

Die Eiweißsynthese aus Nitriten und Nitraten erfolgt vielleicht etwas leichter im Licht als im Dunkeln; es sei jedoch betont, daß jene Synthese auch im Dunkeln mit Leichtigkeit erfolgt und daß sie auch im Licht nicht schneller stattfindet als die Synthese aus Carbamid oder Ammoniumcarbonat im Dunkeln (vgl. Versuch 131 S. 68).

In Anbetracht dessen, daß Acet- und Formaldehyd auch bei Versuchen mit $\mathrm{KNO_2}$ im Licht für die Eiweißsynthese nicht verwertbar sind (Versuch 52 S. 39), kommen *Baudischs* und *Balys* Hypothese über die Eiweißbildung aus Nitriten kaum in Betracht, besonders da auch die Eiweißsynthese aus Nitriten und Nitraten bei gewöhnlichem Tageslicht nicht, bei starkem direktem Sonnenlicht vielleicht unbedeutend schneller als im Dunkeln erfolgt.

Daß die Amide oder Ammoniumsalze in Nitrosyl verwandelt und dann in der von *Baudisch* angenommenen Weise verarbeitet würden, scheint mir ausgeschlossen, besonders da die Synthese aus jenen Stoffen ebensogut im Dunkeln wie bei Licht vor sich geht. Wie *O. Loew* bereits hervorgehoben hat, ist nicht anzunehmen, daß die Eiweißsynthese auf verschiedenen Wege gleich gut erfolgen könnte. Es ist nachgewiesen worden, daß Nitrit von höheren Pflanzen leicht zu Ammoniak reduziert wird[1]. In Anbetracht dessen, daß die Eiweißsynthese aus Amiden und Ammoniumcarbonat mit Leichtigkeit im Dunkeln erfolgt, möchte ich glauben, daß die Nitrite für die Eiweißsynthese bis zu Ammoniak oder Amiden reduziert und als solche verwertet werden. Dies ist um so wahrscheinlicher, weil diese Reduktion auch in vitro durch pflanzliche Präparate leicht zu erzielen ist[1].

Da die Pflanzen in Hunderttausenden von Generationen zum großen Teil auf Nitrate und Nitrite als N-Quellen angewiesen waren, hat sich ihr enzymatischer Mechanismus für die Verwertung dieser Stoffe derart angepaßt, daß ihre Reduktion spielend leicht erfolgt. Die Tatsache, daß im allgemeinen niedere, phylogenetisch jüngere Pflanzen Ammoniumsalze leichter als Nitrate ausnützen, bestärkt meine Auffassung, daß jene N-Quelle die primäre ist. Vom entwicklungsmechanischen Gesichtspunkt aus ist es nicht möglich, daß eine Pflanze Nitrat auf die Art assimiliert, wie es *Baudisch* und *Baly* sich vorstellen, wenn nicht auch bei der Pflanze, aus der sie sich entwickelt hat, jene Assimilation ebenfalls vor sich geht, wenn auch langsamer und eventuell als Nebenreaktion.

Es ist eine Tatsache, daß bei vielen Pflanzen, die auch ohne Licht gedeihen und bei denen also die N-Assimilation nach *Baudisch* nicht denkbar ist, Nitrate neben Ammoniumsalzen ausgenutzt werden können. Daß hierbei der Nitratstickstoff zu Ammoniumstickstoff reduziert wird, geht aus Untersuchungen von *Kostytschew*[2] u. a. hervor. Wenn diese Pflanzen vor die Aufgabe gestellt werden, ihr Assimilationsvermögen für Nitrit zu erhöhen, so ist es durchaus wahrscheinlicher, daß sie ihr Vermögen, Nitrat zu Ammonium zu reduzieren, erhöhen, welche Reaktion ja nachweisbar bei höheren Pflanzen sehr glatt verläuft, als daß sie eine ganz neue Reaktion für ihre Stickstoffassimilation wählen.

Daß die Anpassungsfähigkeit für verschiedene N-Quellen bei höheren Pflanzen bedeutend ist, wird durch eine Untersuchung von *Virtanen*[3] wahrscheinlich gemacht. *Virtanen* hat gezeigt, daß Rotklee in steriler Kultur Aminosäuren besser als Amide oder Nitrate als N-Quellen verwertet, während der von der Symbiose mit Knöllchenbakterien

---

[1] *Eckerson*, Bot. Gaz. **77**, 377, 1924; *Smirnow* u. *Erygin*, Zeitschr. f. landw. Wiss., Moskau **3**, 724, 1926.

[2] *Kostytschew* u. *Tswetkova*, H. **111**, 171, 1920.

[3] Report of the 18. Scandinavian Naturalist Congress in Copenhagen 1929.

weniger abhängige Weißklee mit Nitraten besser als mit Aminosäuren gedieh. *Virtanen* nimmt an, daß der Rotklee sich der direkten Verwertung der aus den Wurzelknöllchen stammenden Aminosäuren angepaßt hat[1]. Diese Annahme scheint mir in Hinblick meiner Erfahrungen auf diesem Gebiete durchaus wahrscheinlich. Eine analoge Erscheinung wäre wohl auch bei manchen Parasiten zu erwarten.

Nur unter folgenden Umständen ist es überhaupt möglich, daß eine N-Assimilation nach *Baudisch* und *Baly* bei den Pflanzen entstehen könnte:

I. Eine N-Assimilation muß in dieser Weise auch bei denjenigen Pflanzen stattfinden — wenn auch nur als Nebenreaktion — aus denen die fraglichen Pflanzen sich entwickelt haben. In Anbetracht dessen, daß alle Pflanzen aus chlorophyllfreien Formen herstammen, halte ich dieses für unwahrscheinlich.

II. Eine N-Assimilation in der von *Baudisch* und *Baly* beschriebenen Weise muß bei irgendeiner Pflanze unter gewissen Umständen so stark sein, daß sie eine bedeutende Rolle im Verhältnis zur N-Assimilation über Ammoniak spielt. Da die Reduktion von Nitriten zu Ammoniak auch bei niederen Pflanzen sehr glatt verläuft[2], dürfte die N-Assimilation in der von *Baudisch* und *Baly* angenommenen Weise, wenn sie auch als Nebenreaktion vorkäme, nie die relative Bedeutung im Kampf ums Dasein erlangen, die eine Bedingung für weitere Entwicklung ist.

In Anbetracht der obigen Indizien gegen *Baudischs* und *Balys* Hypothesen halte ich es für fast sicher, daß die Nitrite von den höheren Pflanzen zuerst zu Ammonium reduziert und dann in derselben Weise wie Ammoniumverbindungen auf Eiweiß verarbeitet werden.

Hupperts Hypothese über die Eiweißsynthese läßt sich sowohl auf die Synthese aus Nitriten, wie auf diejenige aus Ammoniumsalzen und Amiden beziehen. Nach *Huppert* ist CO_2 die einfachste C-Quelle der Eiweißsynthese und es wäre also zu erwarten, daß eine gesteigerte CO_2-Entwicklung die Eiweißsynthese erleichtern würde, daß sogar bei etiolierten Pflanzen bei durch H_2O_2 gesteigerter CO_2-Entwicklung Kohlenhydratzufuhr für die Eiweißsynthese nicht nötig wäre. Dieses ist jedoch nicht der Fall (Versuch 5 bis 7). Auch kann kaum davon die Rede sein, daß die Synthese durch Beschädigung des Plasmas bei dem Versuch verhindert wurde; bei den Versuchen 5 bis 7 konnte ja keine Verzögerung der Eiweißsynthese durch den Einfluß einer gesteigerten Verbrennung nachgewiesen werden.

---

[1] Persönliche Mitteilung des Herrn Direktor Doz. Dr. *A. I. Virtanen.*
[2] *Kostytschew* u. *Tswetkova*, l. c.

Die vorliegende Arbeit begann ich im Zusammenhang mit einer reizungs-physiologischen Untersuchung, die ich auf *v. Eulers* Anregung im Januar 1928 im biochemischen Institut der Universität Stockholm angefangen habe und die noch nicht beendet ist. Im Mai 1928 setzte ich die Arbeit im Chemischen Laboratorium der Universität Helsingfors fort. Während der Zeit, als ich mit dieser Arbeit beschäftigt war, stand ich in Verbindung mit meinem hochverehrten Lehrer Professor Dr. *Hans v. Euler-Chelpin.* Für seine liebens-würdigen Ratschläge, die mir viel Zeit ersparten, sowie seine mir äußerst wertvolle Kritik bin ich ihm zu größter und steter Dankbarkeit verpflichtet.

Als ich im Chemischen Laboratorium der Universität Helsingfors arbeitete, hat mir der Direktor dieses Institutes, Professor Dr. *Lars W. Öholm,* mir meine Arbeit durch liebenswürdigstes Entgegenkommen erleichtert. Es ist mir eine angenehme Pflicht, ihm hierfür ergebenst zu danken. Bei dem experimentellen Teil der vorliegenden Arbeit, besonders bei den Ana-lysen, hat mir Herr cand. chem. *Into Himberg* in dankenswerter Weise geholfen.

Zusammenfassung.

Die Verwertbarkeit verschiedener Verbindungen als C- und N-Quellen für die Eiweißsynthese bei N-hungrigen Weizenkeimpflanzen wurde untersucht.

Die zu untersuchenden Stoffe wurden in stark verdünnten Lösungen unter der Luftpumpe in die Interzellularen der Blätter der Versuchs-pflanzen injiziert. Nach Versuchszeiten von höchstens 6 Stunden wurden die Versuche durch Erhitzen unterbrochen. Das Eiweiß wurde mit $Cu(OH)_2$ ausgefällt; der Stickstoff der Fällungen nach *Kjeldahl* bestimmt.

Bei einigen Versuchen wurde auch Amino-, Amido- und Am-moniak-N bestimmt.

Es wurde gezeigt, daß die CO_2-Bildung in den Blättern durch Infiltrieren von H_2O_2-Lösungen sehr stark gesteigert wird. Auch in Blättern, bei denen die Oxydationsgeschwindigkeit stark erhöht wurde, verläuft die Eiweißsynthese mit normaler Geschwindigkeit. Hieraus wird der Schluß gezogen, daß Sauerstoffmangel in den infiltrierten Blättern nicht innerhalb der fraglichen kurzen Versuchsdauer den Verlauf der Eiweißsynthese nachweisbar beeinflußt.

Bei besonderen Versuchen erwies sich, daß weder die in Frage kommenden Unterschiede der Lösungen in Azidität oder osmotischem Druck, noch die Anwesenheit von K′, Na′ oder Cl′ in bei meinen Ver-suchen vorkommenden Konzentrationen die Eiweißsynthese meiner Versuchspflanzen wesentlich verändern.

Von vielen untersuchten einfachen aliphatischen Carbonsäuren sowie Oxysäuren war keine von Weizenkeimpflanzen als C-Quelle für die Eiweißsynthese in beträchtlichem Maße verwertbar.

Brenztraubensäure ließ sich sehr gut verwerten, ihre Homologen dagegen nicht.

Es wurde gezeigt, daß die CO_2-Bildung nicht durch Infiltrieren von Brenztraubensäure gesteigert wird: die Brenztraubensäure wird also nicht bei der Eiweißsynthese decarboxyliert.

Form-, Acet- und Glycerinaldehyd sowie Dioxyaceton werden für die Eiweißsynthese der Weizenkeimpflanzen nicht nachweisbar verwertet.

Von vielen untersuchten Zuckern sowie einigen mit diesen verwandten Alkoholen erwies sich Glucose als C-Quelle verwertbar.

Bei den Versuchen mit verschiedenen N-Quellen wurden die Ergebnisse von *Lutz* u. a. früheren Autoren im großen und ganzen bestätigt: Aliphatische Amide, Aminosäuren und niedere Amine sowie substituierte Amide, Nitrite und Ammoniumsalze aliphatischer organischer Säuren sind gut verwertbar; Nitrate und Ammoniumsalze der Mineralsäuren bedeutend schlechter, Nitrile sowie die untersuchten zyklischen Verbindungen sind überhaupt nicht verwertbar. Außerdem ist festgestellt worden, daß die Oxynitrile, Acetaldehyd- und Propylaldehydcyanhydrin sich sehr gut verwerten lassen.

Cyanwasserstoff wird nicht verwertet; durch Temperaturmessungen in Dewargefäßen wurde gezeigt, daß Cyanwasserstoff die wärmeerzeugenden Reaktionen in den Blättern stark hemmt.

Aus den Aminostickstoffbestimmungen geht mit Wahrscheinlichkeit hervor, daß die Eiweißsynthese über Aminoverbindungen erfolgt.

Belichtung wirkt auf den Verlauf der Eiweißsynthese aus Amiden und Ammoniumsalzen nicht ein; die Synthese aus Nitriten und Nitraten werden wenigstens vom hellen, diffusen Tageslicht nicht nachweisbar beschleunigt.

Eine Eiweißsynthese konnte nicht mit infiltrierten, durch flüssige Luft getöteten Blättern N-hungriger Weizenkeimpflanzen erzielt werden, vielleicht weil die für die Energieerzeugung nötigen Oxydationsenzyme bei dieser Behandlung zerstört wurden.

Die früheren Hypothesen über die Synthese der Eiweißstoffe sowie der bei diesem Vorgang beteiligten N-haltigen Verbindungen bei höheren Pflanzen werden erörtert. Keine dieser Hypothesen läßt sich mit den Ergebnissen der vorliegenden Arbeit zwanglos vereinen. Der Gedanke wird ausgesprochen, daß α-Aminoacrylsäure der einfachste N-haltige Baustein der Synthese sein könnte; diese Verbindung könnte durch Einwirkung von Ammoniak *oder Amiden* auf Brenztraubensäure entstehen.

Biochemische Zeitschrift. 225. Bd. 1.—3. Heft.

Beilsteins Handbuch der organischen Chemie

Vierte Auflage

Herausgegeben von der **Deutschen Chemischen Gesellschaft**

Hauptwerk

die Literatur bis 1. Januar 1910 umfassend

Bearbeitet von **Bernh. Prager, Paul Jacobson †, Paul Schmidt, Dora Stern**

Erster Band: Leitsätze für die systematische Anordnung. Acyclische Kohlenwasserstoffe, Oxy- und Oxo-Verbindungen. XXXV, 983 S. 1918. Geb. RM 128.—

Zweiter Band: Acyclische Mono-carbonsäuren u. Polycarbonsäuren. VIII, 920 S. 1920. Geb. RM 116.—

Dritter Band: Acyclische Oxy-Carbonsäuren u. Oxo-Carbonsäuren. X, 938 S. 1921. Geb. RM 118.—

Vierter Band: Acyclische Sulfin-säuren u. Sulfonsäuren. Acyclische Amine, Hydroxylamine, Hydrazine und weitere Verbindungen mit Stickstoff-Funktionen. Acyclische C-Phosphor-, C-Arsen-, C-Antimon-, C-Wismut-, C-Silicium-Verbindungen und metallorganische Verbindungen. XVI, 734 S. 1922. Geb. RM 94.—

Fünfter Band: Cyclische Kohlen-wasserstoffe. VI, 796 S. 1922. Geb. RM 100.—

Sechster Band: Isocyclische Oxy-Verbindungen. X, 1285 S. 1923. Geb. RM 162.—

Siebenter Band: Isocycl. Mono-oxo-Verbindungen und Polyoxo-Verbindungen. VIII, 955 S. 1925. Geb. RM 128.—

Achter Band: Isocyclische Oxy-Oxo-Verbindungen. VIII, 616 S. 1925. Geb. RM 80.—

Neunter Band: Isocyclische Mono-carbonsäuren u. Polycarbonsäuren. XI, 1063 S. 1926. Geb. RM 160.—

Zehnter Band: Isocyclische Oxy-Carbonsäuren u. Oxo-Carbonsäuren. XII, 1124 S. 1927. Geb. RM 164.—

Elfter Band: Isocyclische Sulfin-säuren u. Sulfonsäuren. IX, 443 S. 1928. Geb. RM 90.—

Zwölfter Band: Isocyclische Reihe. Monoamine. VIII, 1436 S. 1929. Geb. RM 260.—

Dreizehnter Band: Isocycl. Reihe. Polyamine. Oxy-Amine. X, 903 S. 1930. Geb. RM 190.—

Erstes Ergänzungswerk, die Literatur von 1910—1919 umfassend. Herausgegeben von der Deutschen Chemischen Gesellschaft. Bearbeitet von Friedrich Richter.

Erster Band: Als Ergänzung des ersten Bandes des Hauptwerkes. XIV, 492 Seiten. 1928. Geb. RM 76.—

Zweiter Band: Als Ergänzung des zweiten Bandes des Hauptwerkes. X, 355 Seiten. 1929. Geb. RM 70.—

Dritter und vierter Band: Als Ergänzung des dritten und vierten Bandes des Hauptwerkes. XVIII, 662 S. 1929. Geb. RM 130.—

Fünfter Band: Als Ergänzung des fünften Bandes des Hauptwerkes. XIII, 417 Seiten. 1930. Geb. RM 88.—

System der organischen Verbindungen. Ein Leitfaden für die Benutzung von **Beilsteins Handbuch der organischen Chemie.** Herausgegeben von der Deutschen Chemischen Gesellschaft. Bearbeitet von B. Prager, D. Stern, K. Ilberg. III, 246 Seiten. 1929. Gebunden RM 24.—

VERLAG VON JULIUS SPRINGER IN BERLIN